卓越系列·高职高专工作过程导向"六位一体"创新型系列教材

数控铣削实训教程

主　编　陈向荣
现场专家　李梅前

天津大学出版社
TIANJIN UNIVERSITY PRESS

内 容 简 介

本书选用了技术先进、占市场份额最大的 FANUC(发那科)系统、SIEMENS(西门子)系统和具有我国自主知识产权的华中系统作为典型进行剖析。以培养学生的数控加工实训能力为目的,结合学生特点,本着理论知识少而精、以项目训练为主的原则,结合数控铣削职业技能培训,项目由易到难分为初级、中级、高级三个阶段,力求突出针对性和实用性。首先介绍了数控铣床操作的基础知识及基本操作;然后按初级、中级、高级三个阶段分别介绍了数控铣床基本编程指令运用、刀具半径补偿的应用及孔的加工,旋转指令、镜像指令、坐标系平移指令的运用,宏程序加工、数控铣床的数据传输和加工;最后介绍了数控铣床的仿真操作和加工中心的编程及操作。

本书特别适合中等和高等职业技术学校数控、模具、机电类专业学生参加国家职业技能鉴定等级考证培训使用,也可作为数控铣削技术工人的培训教材。

图书在版编目(CIP)数据

数控铣削实训教程/陈向荣主编. —天津:天津大学出版社,2011.7
(卓越系列)
高职高专工作过程导向"六位一体"创新型系列教材
ISBN 978-7-5618-4005-4

Ⅰ.①数… Ⅱ.①陈… Ⅲ.①数控机床－铣削－高等职业教育－教材 Ⅳ.①TG547

中国版本图书馆 CIP 数据核字(2011)第 134714 号

出版发行	天津大学出版社	
出 版 人	杨欢	
地　　址	天津市卫津路 92 号天津大学内(邮编:300072)	
电　　话	发行部:022-27403647　邮购部:022-27402742	
网　　址	www.tjup.com	
印　　刷	廊坊市长虹印刷有限公司	
经　　销	全国各地新华书店	
开　　本	185mm×260mm	
印　　张	14	
字　　数	349 千	
版　　次	2011 年 7 月第 1 版	
印　　次	2011 年 7 月第 1 次	
印　　数	1－3 000	
定　　价	27.00 元	

卓越系列·高职高专工作过程导向"六位一体"创新型系列教材

编审委员会

总序

教育部《关于加强高职高专教育人才培养工作的意见》明确指出：高等职业教育要以培养高等技术应用型专门人才为根本任务，以适应社会需要为目标，以培养技术应用能力为主线，设计学生的知识、能力、素质结构和培养方案；以"应用"为主旨和特征，构建课程和教学内容体系。为此，各高等职业院校都在大刀阔斧地进行教学改革，以适应社会的需要。

郴州职业技术学院率先在湖南进行课程教学改革，并形成了"六位一体"课程教学模式：课程教学以职业能力需求为导向，确定明确、具体、可检验的课程目标；根据课程目标构建教学模块，设计职业能力训练项目；以真实的职业活动实例作训练素材；以职业能力训练项目为驱动；根据职业能力形成和知识认知规律，"教、学、做"一体化安排，促使和指导学生进行职业能力训练，在训练中提高能力，认知知识；课程考核以平时项目完成情况和学习过程的考核为主。这种模式突出能力本位，完全摆脱了传统学科型课程教学的思维定势。

基于工作过程导向的"六位一体"创新型系列教材作为"六位一体"教学模式改革的一项重要成果，改变了传统教材以学科知识逻辑顺序来编写教材的模式，而是以一种全新的模块式、项目式结构来构架整个教材体系。

本系列教材较传统教材有以下创新之处。

(1)教材编写以职业活动过程（工作过程）为导向，以项目、任务为驱动，按照工作过程形成应用性教学体系。改变了传统教材篇、章、节式的编写体例，采用创新性的模块、项目式编写体例，以一个工作过程为一个模块，下设若干个任务项目，按真实的工作过程来编写教材。

(2)教材的编著有现场专家或者行业、企业专家参与，编著人员"双师"结合，即教师和行业、企业专家相结合，把行业、企业的新工艺、新设备、新技术、新标准引入教材内容当中，并根据行业、企业需要确定教材中各方面知识的比例结构，从而保证教材的内容质量。

(3)强调能力本位，理论知识以"必需、够用"为原则，符合国家职业教育精神和职业教育特点。

随着课程教学改革的不断深入和完善，我们还将推出适合机电、工商管理、旅游、财会等专业的一系列工作过程导向"六位一体"教学改革教材，从而推动和促进职业教育的进一步发展。

我们相信，职业教育的明天一定会更加灿烂！

郴州职业技术学院院长　　支校衡

前言

　　近年来,数控技术的发展十分迅速,数控机床的普及率越来越高,在机械制造业中得到了广泛的应用。数控制造技术是集机械制造技术、计算机技术、微电子技术、现代控制技术、网络信息技术、机电一体化技术于一身的多学科高新制造技术,数控技术水平的高低、数控机床的拥有量已经成为衡量一个国家制造业现代化水平的标志。

　　本书选用了技术先进、占市场份额最大的 FANUC(发那科)系统、SIEMENS(西门子)系统和具有我国自主知识产权的华中系统作为典型进行剖析。本课程注重学生操作能力的培养,在保证课程内容体系相对完整和系统的基础上,以企业和社会对数控机床加工操作工的要求为依据,以培养学生的数控加工实训能力为目的,结合学生特点,本着理论知识少而精、以项目训练为主的原则,结合数控职业技能培训,项目由易到难分为初级、中级、高级三个阶段,力求突出针对性和实用性,使学生逐步形成一定的职业能力。

　　本书特别适合中等和高等职业技术学校数控、模具、机电类专业学生参加国家职业技能鉴定等级考证培训使用,也可作为数控铣削技术工人的培训教材。

　　由于编者水平有限,欠妥之处在所难免,恳请读者批评指正。

编者
2011 年 4 月

目　录

数控铣削基础知识

模块 1

数控铣削基础知识包括数控铣床操作规程及步骤和数控铣削零件加工工艺分析两个部分。数控铣床操作规程及步骤是数控铣削操作工首先要掌握的基本知识,而数控铣削零件加工工艺分析则是数控加工的基础。

能力目标

能分析零件的加工内容和要求,并选择适当的加工方法和加工顺序。

能选择正确的数控铣削加工走刀路线。

能正确装夹工件和刀具。

能选择相应的刀具和合理的数控铣削加工工艺参数。

知识目标

掌握数控铣床操作规程。

掌握数控铣床操作步骤。

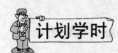

计划学时

8学时。

项目1.1 数控铣床的安全操作规程、操作步骤及维护与保养

一、训练任务(计划学时:2)

掌握数控铣床的安全操作规程、操作步骤及维护与保养。

二、知识目标

(1)掌握数控铣床安全操作规程。

（2）掌握数控铣床操作步骤。

（3）掌握数控铣床的维护与保养。

三、加工准备

（1）选用机床：TK7650A 数控铣床（FANUC 0i Mate－MB 系统）或 ZK7640 数控铣床（SIEMENS－802S 系统）或 HMDI－21M 数控铣床（华中世纪星系统）。

（2）选用夹具：精密平口钳。

（3）使用毛坯：80 mm×80 mm×15 mm 的 45 钢，六面已加工。

（4）工具、量具、刀具参照备注配备。

四、训练步骤

（1）数控铣床安全操作规程学习。

（2）按操作步骤操作数控铣床。

（3）数控铣床的维护与保养学习。

（4）操作数控铣床加工零件。

（5）完成数控铣床的日常保养。

五、支撑知识

（一）数控铣床安全操作规程

（1）操作人员应熟悉所用数控铣床的组成、结构以及规定的使用环境，并严格按机床操作手册的要求正确操作，尽量避免因操作不当而引起的故障。

（2）操作机床时，应按要求正确着装。

（3）按顺序开机、关机。即先开机床再开数控系统，先关数控系统再关机床。

（4）开机后进行返回参考点的操作，以建立机床坐标系。

（5）手动操作沿 X、Y 轴方向移动工作台时，必须使 Z 轴处于安全高度位置，移动时注意观察刀具移动是否正常。

（6）正确对刀，确定工件坐标系，并核对数据。

（7）程序输入后，应认真核对，保证无误，其中包括对代码、指令、地址、数值、正负号、小数点及语法的查对。

（8）程序调试好后，在正式切削加工前，再检查一次程序、刀具、夹具、工件、参数等是否正确。

（9）刀具补偿值输入后，要对刀补号、补偿值、正负号、小数点进行认真核对。

（10）按工艺规程要求使用刀具、夹具、程序。执行正式加工前，应仔细核对输入的程序和参数，并进行程序试运行，防止加工中刀具与工件碰撞而损坏机床和刀具。

（11）装夹工件时，要检查夹具是否妨碍刀具运动。

（12）试切进刀时，进给倍率开关必须打到低挡。在刀具运行至距工件 30～50 mm 处，必须在进给保持下，验证 Z 轴剩余坐标值和 X、Y 轴坐标值与加工程序数据是否一致。

（13）刃磨刀具和更换刀具后，要重新测量刀长并修改刀补值和刀补号。

（14）程序修改后，对修改部分要仔细计算和认真核对。

（15）手动连续进给操作时，必须检查各种开关所选择的位置是否正确，确定正负方向，然后再进行操作。

（16）开机后让机床空运转 15 min 以上，以使机床达到热平衡状态。

（17）加工完毕后，将 X、Y、Z 轴移动到行程的中间位置，并将主轴速度和进给速度倍率开关都拨至低挡位，防止因误操作而使机床产生错误的动作。

（18）机床运行中一旦发现异常情况，应立即按下红色急停按钮，终止机床所有运动和操作，待故障排除后，方可重新操作机床及执行程序。

（19）卸刀时应先用手握住刀柄，再按换刀开关；装刀时应在确认刀柄完全到位装紧后再松手，换刀过程中禁止运转主轴。

（20）出现机床报警时，应根据报警号查明原因，及时排除。

（21）加工完毕，清理现场，并做好工作记录。

（二）数控铣床操作步骤

数控铣床加工前，先准备好工件毛坯、夹具、量具、刀具等，然后按以下步骤操作。

1. 编程

加工前应首先编制工件的加工程序，如果加工程序较长、较复杂，最好不要在机床上编程，而采用电脑编程，这样可以避免占用机时，对于短程序也应先写在程序单上。

2. 开机

检查油压、气压，启动机床；先开机床再开数控系统；开机后检查系统各部分的运行情况是否正常。

3. 回参考点

开机后进行返回参考点的操作，以建立机床坐标系。

4. 输入加工程序及相关参数

简单程序可直接用键盘在 CNC 操作面板上输入，复杂程序则通过电脑串口通信输入，同时输入程序中用到的刀具参数、偏置值及各种补偿量。

5. 程序的编辑

输入的程序如需修改，则在编辑方式下，利用编辑键进行增加、删除或更改。

6. 调试运行程序

锁住机床，选择空运行，运行程序，对程序进行检查，若有错误，则需重新进行编辑。

7. 装夹工件、校正

清理工作台面，装夹工件，并校正工件平面。

8. 对刀

对刀建立工件坐标系。

9. 开启工作液泵

开启工作液泵，调节喷嘴流量。

10. 加工

运行加工程序进行加工，在开始时进给倍率开关必须打到低挡，确定机床坐标值与加工程序数据一致后再把进给倍率开关调高。

11. 运行监控

利用 CRT 显示刀具的位置、程序和机床的状态，以使操作者监控加工情况，防止出现非正常切削造成的工件质量问题及其他事故。

12. 关机

一般先关数控系统再关机床。

（三）数控铣床的维护与保养

1. 数控铣床维护与保养的内容

数控铣床维护与保养的内容见表 1.1。

表 1.1　数控铣床定期维护保养项目表

维护保养周期	检查及维护保养内容
日常维护保养	1. 清除工作台、底座、十字滑台等周围的切屑、灰尘以及其他的外来物质
	2. 清除机床表面上下的润滑油、切削液与切屑
	3. 清理导轨护盖
	4. 清理外露的极限开关及其周围区域
	5. 清理无保护盖的导轨上的所有外来物质
	6. 小心地清理电气组件
	7. 检查空气过滤器的杯中积水是否完全排除干净
	8. 检查所需的压力值是否达到正常值
	9. 检查油路是否漏油，如果发现漏油，应采取必要对策
	10. 检查切削液、切削液箱中是否有外来物质，如有将其去除
	11. 检查切削液容量，如有需要则及时补充
	12. 检查操作面板上的指示灯是否正常
每周维护保养	1. 完成日常保养
	2. 检查主轴与其他附件是否出现裂纹或损伤
	3. 检查润滑油箱的油量液面，应保持油量在适当的液面
每月维护保养	1. 完成每周保养
	2. 清理电器箱内部设备与数控设备，如果空气过滤器已脏则更换，不要使用溶剂清洗过滤网
	3. 检查机床水平和地脚螺栓与螺母的松紧度并调节
	4. 清理导轨的刮油片，如果有损坏则更换
	5. 检查变频器与极限开关的功能是否正常
	6. 检查接线是否牢固，有无松脱或中断情况
	7. 检查互锁装置的功能是否正常
	8. 更换切削液，重新加入新的切削液
半年维护保养	1. 完成每周与每月保养
	2. 清理机床与数控设备中的电气控制单元
	3. 检查电动机的轴承有无噪声，如果有异音则更换
	4. 目视检查电气装置与操作面板
	5. 检查每一个指示表与电压表是否正常
	6. 测量每一个驱动轴的间隙，如有必要调整其间隙

2.维护保养时应注意的事项

(1)执行维护保养与检查工作之前,应按下急停开关或关闭主电源。

(2)维护保养与检查工作必须持续不断地执行。

(3)要制订维护保养与检查计划。

(4)在电器箱内工作或在机床内部进行维修时,应将电源关闭并加以闭锁。

(5)不要用压缩空气清理数控铣床。

(6)尽量少开电气控制柜门。

3.其他维护保养内容

(1)数控铣床电气控制柜要散热通风。

(2)支持电池要定期更换。

(3)数控铣床处于长期不用时,要经常给系统通电,让系统运行。

六、操作机床加工四方槽

1.加工零件图

加工零件图如图1.1所示。

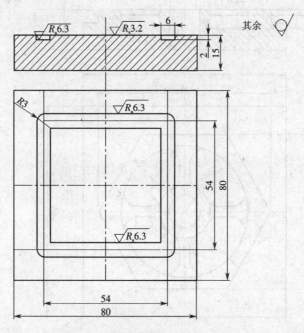

图1.1　四方槽(宽6 mm,深2 mm)

2.加工程序(工件原点为工件上平面中心,用 φ6 mm 键槽铣刀)

O0001	程序号
G54 M03 S800	建立坐标系,主轴正转,转速为800 r/min
G00 Z50 M08	刀具到安全高度并打开冷却液
X27 Y0	刀具移到加工起点
G01 Z-2 F40	下刀,进给速度为40 mm/min
X27 Y27	加工槽

G01 X－27 Y27

G01 X－27 Y－27

G01 X27 Y－27

G01 X27 Y3

G00 Z100 M09   抬刀,关闭冷却液

M05   主轴停止

M30   程序结束并返回

项目1.2 数控铣削零件加工工艺分析

一、训练任务(计划学时:6)

编写零件六方轮(图1.2)的加工工艺。

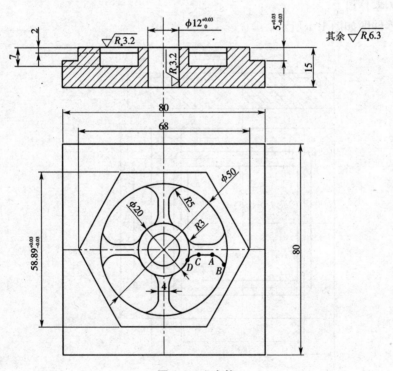

图1.2 六方轮

$A(18.735,-2);B(23.419,-8.75);C(13.266.-2);D(8.844,-4,667)$

二、能力目标

(1)能分析零件的加工内容和要求,并选择适当的加工方法和加工顺序。

(2)能选择正确的数控铣削加工走刀路线。

(3)能正确装夹工件和刀具。

(4)能选择相应的刀具和合理的数控铣削加工工艺参数。

三、加工准备

（1）选用机床：TK7650A 数控铣床（FANUC 0i Mate – MB 系统）或 ZK7640 数控铣床（SIEMENS – 802S 系统）或 HMDI – 21M 数控铣床（华中世纪星系统）。

（2）选用夹具：精密平口钳。

（3）使用毛坯：80 mm × 80 mm × 16 mm 的 45 钢，六面已加工。

（4）工具、量具、刀具参照备注配备。

四、训练步骤

（1）观察零件（图1.2），分析和理解零件的要求。

（2）编写零件的加工工艺。

（3）装夹工件。

（4）根据编写的加工工艺在数控铣床上修改和运行相应的加工程序。

（5）根据加工效果对零件的加工工艺进行分析和修改。

五、支撑知识

（一）分析零件的加工内容和要求，选择加工方法和加工顺序

1. 加工内容

根据零件图认真分析所要加工的内容和要求，并确定所采用的加工方式。特别要注意以下两个方面：

（1）尺寸精度高的加工部位；

（2）表面结构要求高的加工部位。

2. 加工方法

1）孔的加工

孔的加工方法有很多，根据孔的尺寸精度、位置精度及表面结构等要求来选择，具体见表1.2。

表 1.2 孔的加工方法与步骤的选择

序号	加工方法	精度等级	表面结构 R_a（μm）	适用范围
1	钻	11 ~ 13	50 ~ 12.5	加工未淬火钢及铸铁的实心毛坯，也可加工有色金属（但结构值大），孔径 < 15 mm
2	钻—铰	9	3.2 ~ 1.6	
3	钻—粗铰—精铰	7 ~ 8	1.6 ~ 0.8	
4	钻 – 扩	11	6.3 ~ 3.2	同上，但孔径 > 15 mm
5	钻—扩—铰	8 ~ 9	1.6 ~ 0.8	
6	钻—扩—粗铰—精铰	7	0.8 ~ 0.4	
7	粗镗（扩孔）	11 ~ 13	6.3 ~ 3.2	除淬火钢外各种材料，毛坯有铸出孔或锻出孔
8	粗镗（扩孔）—半精镗（精扩）	8 ~ 9	3.2 ~ 1.6	
9	粗镗（扩孔）—半精镗（精扩）—精镗	6 ~ 7	1.6 ~ 0.8	

2）平面加工

（1）用圆柱铣刀铣削（周铣即铣削垂直面），其方式有顺铣和逆铣。

外轮廓加工时：顺时针走刀为顺铣，逆时针走刀为逆铣。

内轮廓加工时：逆时针走刀为顺铣，顺时针走刀为逆铣。

顺铣不宜加工有硬皮工件；逆铣用于加工有硬皮工件。

（2）用端铣刀铣削，其方式有对称铣削和不对称铣削。

3）内、外轮廓加工

（1）外轮廓加工一般采用立铣刀。

（2）内轮廓加工有预留孔时，采用立铣刀加工。

（3）内轮廓加工没有预留孔时，可采用键槽铣刀加工，也可采用立铣刀斜线下刀（或螺旋下刀）加工。

4）三维曲面加工

一般选用立铣刀或键槽铣刀加工，球头铣刀在三维曲面加工中应用也非常普遍。

3.加工顺序的安排

在确定了某个工序的加工内容后，要进行详细的工步设计，即安排这些工序内容的加工顺序，同时考虑程序编制时刀具运动轨迹的设计。一般将一个工步编制为一个加工程序，因此工步顺序实际上也就是加工程序的执行顺序。

加工顺序的安排应根据零件的结构和毛坯状况以及定位与夹紧的需要来考虑。加工顺序安排一般应按下列原则进行。

（1）上道工序的加工不能影响下道工序的定位和夹紧，中间穿插有通用机床加工工序的也要综合考虑。

（2）先进行内形、内腔加工工序，后进行外形加工工序。

（3）用作精基准的表面应先加工。

（4）先粗加工，后精加工；先加工平面，后加工孔。

（5）先加工主要表面，后加工次要表面。

（6）以相同定位、夹紧方式或同一把刀具加工的工序，最好连续进行，以减少重复定位次数、换刀次数与装夹次数。

（7）在同一次装夹中进行的多道工序，应先安排对工件刚性破坏较小的工序。

（二）数控铣削加工路线的确定

在数控加工中，刀具（严格说是刀位点）相对于工件的运动轨迹和方向称为加工路线，即刀具从对刀点开始运动起，直至结束加工所经过的路径，包括切削加工路径及刀具引入、返回等非切削空行程。

在确定数控铣削加工路线时，应重点考虑以下几个方面：

（1）能保证零件的加工精度和表面结构要求；

（2）应使走刀路线最短，减少刀具空行程时间，提高加工效率；

（3）应使数值计算简单，程序段数量少，以减少编程工作量。

1）轮廓铣削加工路线

铣削外轮廓时，刀具应避免沿零件外廓的法向切入，应安排刀具从切向进入轮廓铣削加工；当轮廓加工完毕后，也应避免在工件的外廓处直接退刀，而应让刀具多运动一段距离,最好沿切线方向退出,以避免在取消刀具补偿时,刀具与工件表面相碰撞,造成工件报废。外轮廓加工路线如图1.3所示。

铣削内轮廓时,也要遵守从切向切入的原则,最好安排从圆弧过渡到轮廓的加工路线,如图1.4所示,若刀具从工件坐标原点出发,其加工路线为1→2→3→4→5,这样可提高内轮廓表面的加工精度和质量。

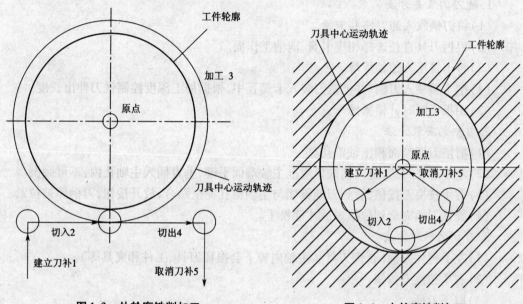

图1.3 外轮廓铣削加工   图1.4 内轮廓铣削加工

2)孔系铣削加工路线

对于孔位置精度要求较高的零件加工,特别要注意孔加工顺序的安排,若安排不当,就有可能将沿坐标轴的反向间隙带入,直接影响位置精度。

(三)数控铣削加工刀具的选择

1. 数控铣削加工刀具的选择原则

(1)适用:所选择的刀具能达到加工的目的,完成材料的去除,并达到预定的加工精度。如:粗加工选择大并有足够切削能力的刀具,能快速去除材料;而精加工选择较小的刀具,把结构形状全部加工出来。

(2)安全:在有效去除材料的同时,不会产生刀具的碰撞、折断等。

(3)经济:以最小的成本完成加工,选择相对成本较低的方案,而不是选择最便宜的刀具。

(4)刚性要好:一方面可以满足提高生产效率而采用大切削用量的需要,另一方面可以避免因刚性差而断刀并造成零件损伤。

(5)耐用度要高:刀具磨损较快,不仅影响零件的表面质量和加工精度,而且会增加换刀和对刀的次数。

精加工时数控铣削加工刀具半径必须小于轮廓凹处的最小圆角半径。

2. 数控铣削加工刀具类型的选择

(1)加工较大的平面选择面铣刀。

（2）加工凸台、凹槽及平面轮廓选择立铣刀。

（3）加工曲面选择球头铣刀。

（4）加工封闭的键槽选择键槽铣刀。

（5）加工空间曲面、模具型腔或凸模成型表面选用模具铣刀。

（四）铣削加工刀具的装卸

1.铣刀的装夹方法

（1）将刀柄放入卸刀座并卡紧。

（2）根据刀具直径选择相应卡簧，清洁工作面。

（3）将卡簧压入锁紧螺母。

（4）把卡簧装入刀柄，并把铣刀装入卡簧孔中，根据加工深度控制铣刀伸出长度。

（5）用扳手顺时针锁紧螺母。

2.刀柄的安装方法

（1）清洁刀柄锥面和主轴锥孔。

（2）左手握住刀柄，将刀柄缺口对准主轴端面平键，垂直插入主轴孔内，不可倾倒。

（3）右手按换刀按钮，直到刀柄锥面与主轴锥孔完全贴合，放开按钮，刀柄即被拉紧。

（4）确认刀柄完全到位拉紧后才能松手。

3.刀柄的拆卸方法

（1）左手握住刀柄（否则刀具从主轴内掉下会损坏刀具、工件和夹具等）。

（2）右手按换刀按钮。

（3）取下刀柄。

卸刀柄时，必须有足够的动作空间，刀柄不能与工作台上的工件、夹具发生干涉。另外，在装、卸刀柄时，左手不能握在刀柄锥面上，也不能握在铣刀位置上。

（五）工件装夹

1.机用虎钳装夹

机用虎钳常用于装夹矩形和圆柱形工件，其特点是快捷但夹持范围不大。

使用机用虎钳装夹工件时，有以下注意事项：

（1）要保证机用虎钳的正确位置，应该使用百分表找正固定钳口面（图1.5）；

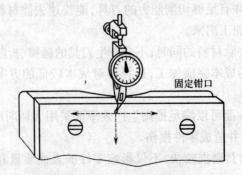

固定钳口

图1.5　机用平口虎钳的校正

（2）工件应夹持在机用虎钳的中间，不应该把工件夹持在机用虎钳的一端；

（3）安装工件应考虑铣削时的稳定性；

(4)装夹高度以铣削尺寸高出钳口平面3~5 mm为宜；

(5)铣削加工长形工件时可用两个机用虎钳夹紧；

(6)加工贯穿型腔或孔时，不要加工到等高垫铁。

图1.6所示为使用机用虎钳装夹工件的几种情况。

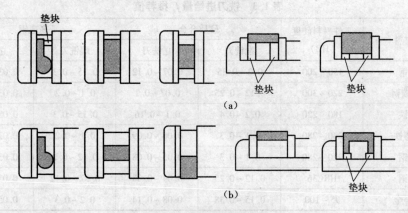

图1.6 机用虎钳的使用

(a)正确的安装；(b)错误的安装

2. 直接在工作台上装夹

在单件或少量生产和不便使用夹具的情况下，可直接在工作台上装夹工件。使用压板、螺母、螺栓直接在工作台上装夹工件时，应使压板的压紧点尽量靠近铣削处，还应使压板的压紧点与压板下面的支撑点相对应。

(六)切削用量的确定

1. 侧吃刀量(切削宽度)

侧吃刀量 a_e 与刀具有效直径成正比，与背吃刀量成反比。在粗加工中，切削宽度应取大些，以提高加工效率，一般取刀具直径的 0.6~0.9。

2. 背吃刀量(吃刀深度)

背吃刀量 a_p 根据机床、刀具、工件的刚度和切削宽度 a_e 确定，在刚度允许的条件下，应尽可能使背吃刀量等于工件的加工余量，以提高生产效率。一般情况下背吃刀量 a_p 的选择为：

当侧吃刀量 $a_e < d/2$(d 为铣刀直径)时，取 $a_p = (1/3 \sim 1/2)d$；

当侧吃刀量 $d/2 \leqslant a_e < d$ 时，取 $a_p = (1/4 \sim 1/3)d$；

当侧吃刀量 $a_e = d$ 时，取 $a_p = (1/5 \sim 1/4)d$。

为保证工件表面质量，可留少量精加工余量，一般留 0.2~0.5 mm。

3. 进给速度

进给速度 v_f 的单位为 mm/min。进给速度应根据零件的加工精度和表面结构要求以及刀具和工件材料来选择。进给速度的增加可以提高生产效率，但是刀具寿命会降低。加工表面结构要求低时，进给速度可大些。进给速度的计算公式为

$$v_f = n \times z \times f_z$$

式中 v_f——进给速度(mm/min)；

n——主轴转速（r/min）；

z——刀具齿数（齿）；

f_z——进给量（mm/齿），推荐值见表1.3。

表1.3　铣刀进给量 f_z 推荐值　　　　　　　　　　　　　　　mm/齿

工件材料	工件材料硬度（HB）	硬质合金		高速钢	
		端铣刀	立铣刀	端铣刀	立铣刀
低碳钢	150~200	0.2~0.35	0.07~0.12	0.15~0.3	0.03~0.18
中、高碳钢	220~300	0.12~0.25	0.07~0.1	0.1~0.2	0.03~0.15
灰铸铁	180~220	0.2~0.4	0.1~0.16	0.15~0.3	0.05~0.15
可锻铸铁	240~280	0.1~0.3	0.06~0.09	0.1~0.2	0.02~0.08
合金钢	220~280	0.1~0.3	0.05~0.08	0.12~0.2	0.03~0.08
工具钢	HRC36	0.12~0.25	0.04~0.08	0.07~0.12	0.03~0.08
铝镁合金	95~100	0.15~0.38	0.08~0.14	0.2~0.3	0.05~0.15

在 Z 轴下刀时，进给速度较慢；刀具周边都要切削时，切削条件相对较恶劣，要采用较低的进给速度。

4. 切削速度

切削速度 v_c 一般根据选定的背吃刀量、进给量、工件材料、刀具耐用度选择，铣刀的铣削速度见表1.4。影响切削速度的因素主要有以下几个方面。

表1.4　铣刀的铣削速度 v_c　　　　　　　　　　　　　　　　m/min

铣刀材料 / 工件材料	碳素钢	高速钢	超高速钢	合金钢	碳化钛	碳化钨
铝合金	75~150	180~300	—	240~460		300~600
镁合金	—	180~270	—	—		150~600
钼合金		45~100				120~190
黄铜（软）	12~25	20~25		45~75		100~180
黄铜	10~20	20~40		30~50		60~130
灰铸铁（硬）	—	10~15	10~20	18~28		60~130
冷灰铸铁	—	—	10~15	12~18		45~60
可锻铸铁	10~15	20~30	25~40	35~45		30~60
低碳钢	10~14	18~28	20~30	—	45~70	75~110
中碳钢	10~15	15~25	18~28	—	40~60	
高碳钢		10~15	12~20	—	30~45	
合金钢					35~80	
合金钢（硬）					30~60	
高速钢			12~25		45~70	

1）刀具材料

刀具耐用度越好，则切削速度越高。

2）工件材料

加工硬材料时切削速度需降低，加工软材料时切削速度可提高。

3）刀具寿命

切削速度越高，刀具寿命越低。

4）背吃刀量与进给量

背吃刀量与进给量大，切削力大，切削热会增加，切削速度应降低。

5）切削液使用

使用切削液，可有效降低切削热，从而提高切削速度。

6）机床性能

机床刚性好、精度高，可提高切削速度。

5. 主轴转速

主轴转速 n 的单位是 r/min，一般根据切削速度 v_c 来选定。其计算公式为

$$n = v_c \times 1\,000/(\pi \times d)$$

式中　d——刀具直径（mm）。

6. 孔和螺纹加工的切削用量

孔和螺纹加工的切削用量参见表 1.5、表 1.6、表 1.7 和表 1.8。

表 1.5　镗孔切削用量

工序	工件材料／刀具材料	铸铁		钢		铝及其合金	
		v_c(m/min)	f(mm/r)	v_c(m/min)	f(mm/r)	v_c(m/min)	f(mm/r)
粗镗	高速钢	20~25	—	15~30	—	100~150	0.5~1.5
	硬质合金	30~50	0~1.5	50~70	0.35	100~250	—
半精镗	高速钢	20~35	0.15~0.45	15~50	—	100~200	0.2~0.5
	硬质合金	50~70	—	95~130	0.15~0.4	—	—
精镗	高速钢	—	D1 级 0.08	—	—	—	—
	硬质合金	70~90	D1 级 0.12~0.15	100~130	0.2~0.15	150~400	0.06~0.15

表 1.6　攻螺纹切削用量

工件材料	铸铁	钢及其合金	铝及其合金
切削速度 v_c(m/min)	2.5~5	1.5~5	5~15

表 1.7　用高速钢钻孔切削用量(一)

工件材料	牌号或硬度	切削速度、切削用量	钻头直径(mm)			
			1~6	6~12	12~22	22~50
铸铁	120~160 HBS	v_c(m/min)	16~24			
		f(mm/r)	0.07~0.12	0.12~0.2	0.2~0.4	0.4~0.8
	160~200 HBS	v_c(m/min)	10~18			
		f(mm/r)	0.05~0.1	0.1~0.18	0.18~0.25	0.25~0.4
	200~250 HBS	v_c(m/min)	5~12			
		f(mm/r)	0.03~0.08	0.08~0.15	0.15~0.2	0.2~0.3
钢	35、45	v_c(m/min)	8~25			
		f(mm/r)	0.05~0.1	0.1~0.2	0.2~0.3	0.3~0.45
	15Cr、20Cr	v_c(m/min)	12~30			
		f(mm/r)	0.05~0.1	0.1~0.2	0.2~0.3	0.3~0.45
	合金钢	v_c(m/min)	8~18			
		f(mm/r)	0.03~0.08	0.08~0.15	0.15~0.25	0.25~0.35

表 1.8　用高速钢钻孔切削用量(二)

工件材料	材料分类	切削速度、切削用量	钻头直径(mm)		
			3~8	8~25	25~50
铝	纯铝	v_c(m/min)	20~50		
		f(mm/r)	0.03~0.2	0.06~0.5	0.15~0.8
	铝合金(长切削)	v_c(m/min)	20~50		
		f(mm/r)	0.05~0.25	0.1~0.6	0.2~1.0
	铝合金(短切削)	v_c(m/min)	20~50		
		f(mm/r)	0.03~0.1	0.05~0.15	0.2~1.0
铜	黄铜、青铜	v_c(m/min)	60~90		
		f(mm/r)	0.06~0.15	0.15~0.3	0.3~0.75
	硬青铜	v_c(m/min)	25~45		
		f(mm/r)	0.05~0.15	0.12~0.25	0.25~0.5

六、加工工艺

(一)分析零件的加工内容和要求,确定加工方法和加工顺序

1.加工内容

(1)六方外形,尺寸为(58.98±0.03)mm,深度为(5±0.03)mm。

(2)2 mm 深的圆环槽。

(3)4 个 7 mm 深的轮辐槽。

(4)$\phi 12_0^{+0.03}$ mm 的通孔。

（5）上、下平面。

（6）去余料。

2. 加工顺序和加工方法

（1）用面铣刀铣上、下平面。

（2）用大直径的立铣刀粗加工六方外形。（要建立刀补）

（3）用大直径的立铣刀去六方外形的余料。

（4）用大直径的立铣刀精加工六方外形,保证尺寸为（58.98 ± 0.03）mm,深度为（5 ± 0.03）mm。（要建立刀补）

（5）用较大直径的立铣刀加工 2 mm 深的圆环槽。（可不建立刀补）

（6）用较小直径的立铣刀加工 4 个 7 mm 深的轮辐槽。（要建立刀补）

（7）用钻花先钻 $\phi 11.8$ mm 的孔,再用 $\phi 12$ mm 铰刀加工 $\phi 12_0^{+0.03}$ mm 的通孔。

（二）数控铣削加工的走刀路线

以工件上平面的中心为工件原点,加工六方外形时采用沿六方形的延长线切入和切出;加工 2 mm 深的圆环槽时采用螺旋下刀;加工 4 个 7 mm 深的轮辐槽时沿圆弧切入和切出,并采用螺旋下刀,分层加工。

（三）工件装夹

采用机用虎钳装夹,垫铁要等高,工件上平面到机用虎钳钳口上平面的距离保证为 6 ~ 9 mm。工件装夹在机用虎钳钳口中间位置,校平工件上平面后夹紧工件。

（四）刀具的选择

（1）铣上、下平面时,采用 $\phi 50$ mm 面铣刀。

（2）粗加工六方外形时,采用 $\phi 20$ mm 立铣刀。

（3）去六方外形余料时,采用 $\phi 20$ mm 立铣刀。

（4）精加工六方外形时,保证尺寸为（58.98 ± 0.03）mm,深度为（5 ± 0.03）mm,采用 $\phi 20$ mm 立铣刀。

（5）加工 2 mm 深的圆环槽时,采用 $\phi 12$ mm 立铣刀。

（6）加工 4 个 7 mm 深的轮辐槽时,采用 $\phi 6$ mm 立铣刀。

（7）加工 $\phi 11.8$ mm 的孔时,采用 $\phi 11.8$ mm 钻花。

（8）加工 $\phi 12_0^{+0.03}$ mm 的通孔时,采用 $\phi 12$ mm 铰刀。

（五）数控铣削加工工艺参数的选择及数控铣削加工工艺卡的编制

数控铣削加工工艺参数的选择及数控铣削加工工艺卡的编制见表 1.9。

表 1.9 数控铣削加工工艺卡

机床:数控铣床			加工数据表				
工序	加工内容	刀具	刀具材料	刀具类型	主轴转速(r/min)	进给量(mm/min)	半径补偿
1	铣下平面	T01	硬质合金	$\phi 50$ mm 面铣刀	800	120	无
2	铣上平面	T01	硬质合金	$\phi 50$ mm 面铣刀	800	120	无
3	粗加工六方外形	T02	高速钢	$\phi 20$ mm 立铣刀	600	100	D02(20.4)
4	去余料	T02	高速钢	$\phi 20$ mm 立铣刀	600	100	无

机床:数控铣床				加工数据表			
工序	加工内容	刀具	刀具材料	刀具类型	主轴转速(r/min)	进给量(mm/min)	半径补偿
5	精加工六方外形	T02	高速钢	ϕ20 mm 立铣刀	1 200	80	D03(粗加工后测量计算)
6	加工圆环槽	T03	高速钢	ϕ12 mm 立铣刀	800	100	无
7	加工轮辐槽	T04	高速钢	ϕ6 mm 立铣刀	1 200	20	D04(6.0)
8	钻 ϕ11.8 mm 的孔	T05	高速钢	ϕ11.8 mm 钻花	450	40	无
9	加工 $\phi12_0^{+0.03}$ mm 的通孔	T06	高速钢	ϕ12 mm 铰刀	120	20	无

思考与练习

1. 什么叫回零操作,为什么要进行回零操作?

2. 什么叫工件坐标系?

3. 用机用虎钳装夹工件时,注意事项有哪些?

4. 用数控铣床加工时,要注意哪些安全事项?

5. 零件加工图如图 1.7 所示,毛坯为 100 mm × 80 mm × 26 mm 六面已加工的板料,试编写其加工工艺卡。

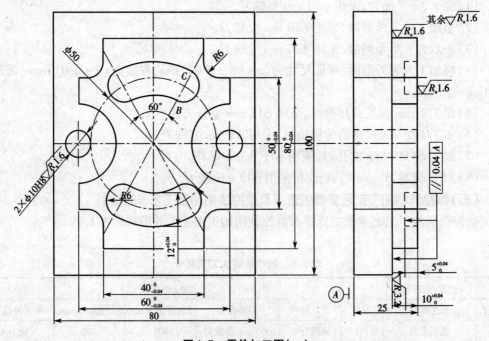

图 1.7　零件加工图(一)

6. 零件加工图如图 1.8 所示,毛坯为 100 mm × 100 mm × 20 mm 六面已加工的板料,试编写其加工工序卡。

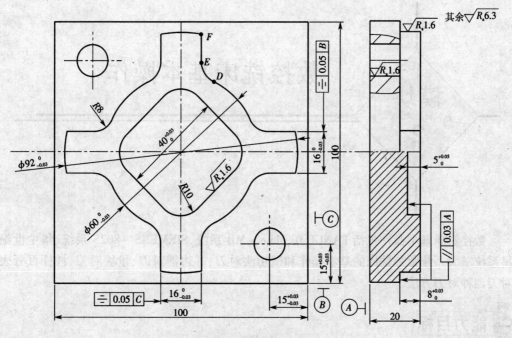

图 1.8 零件加工图(二)

数控铣床基本操作

模块 2

数控铣床基本操作包括 FANUC 0i Mate – MB 系统、SIEMENS – 802S 系统、华中世纪星系统三大系统数控铣床的基本操作和试切法对刀、寻边器对刀、量块对刀、杠杆百分表对刀四种对刀方法。

能力目标

能正确操作 FANUC 0i Mate – MB 系统数控铣床。

能正确操作 SIEMENS – 802S 系统数控铣床。

能正确操作华中世纪星系统数控铣床。

能学会试切法对刀、寻边器对刀、量块对刀、杠杆百分表对刀四种对刀方法。

知识目标

熟悉 FANUC 0i Mate – MB 系统数控铣床的操作面板。

熟悉 SIEMENS – 802S 系统数控铣床的操作面板。

熟悉华中世纪星系统数控铣床的操作面板。

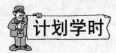

计划学时

12 学时。

项目2.1　FANUC 0i Mate – MB 系统数控铣床基本操作

一、训练任务(计划学时:4)

掌握 TK7650A 数控铣床(FANUC 0i Mate – MB 系统)的基本操作和试切法对刀方法。

二、能力目标、知识目标

(1)能操作 TK7650A 数控铣床(FANUC 0i Mate - MB 系统),能用试切法对刀。

(2)熟悉 FANUC 0i Mate - MB 系统数控铣床的操作面板。

三、加工准备

(1)选用机床:TK7650A 数控铣床(FANUC 0i Mate - MB 系统)。

(2)选用夹具:精密平口钳。

(3)使用毛坯:100 mm × 100 mm × 20 mm 的 45 钢,六面已加工。

(4)工具、量具、刀具参照备注配备。

四、训练步骤

(1)操作数控铣床,熟悉 FANUC 0i Mate - MB 系统数控铣床的操作面板。

(2)操作数控铣床,练习开机、回零、刀具补偿输入、程序输入及程序检验。

(3)操作数控铣床,练习数控铣床对刀法 A(试切法对刀),并检查对刀是否正确。

五、实训内容(一):FANUC 0i Mate - MB 系统数控铣床 MDI 面板和操作面板介绍

FANUC 系统数控铣床在制造工业中应用十分广泛,虽然不同厂家生产的 FANUC 系统数控铣床在结构上各有不同,但基本功能和操作大致相同。本节以江苏多棱公司生产的 TK7650A 数控铣床(FANUC 0i Mate - MB 系统)(图 2.1)为例,介绍数控铣床的 MDI 面板和操作面板。

1.方式选择键

方式选择键(MODE SELECT)如图 2.2 所示。

EDIT:编辑方式　　　　　　　　MEMO:自动方式

MDI:手动输入方式　　　　　　　JOG:手动方式

ZERO:返回参考点(回零)方式　　HANDLE:手轮方式

INC:增量方式　　　　　　　　　TAPE:传输加工方式

图 2.1　TK7650A 数控铣床

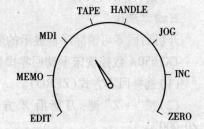

图 2.2　方式选择键

2.MDI 面板功能按钮

POS:位置功能键　　　　　　　　PROG:程序功能键

OFS/SET:刀偏/设定功能键　　　　SYSTEM:系统(参数/诊断)功能键

MESSAGE:报警信号显示功能键　　　CSTM/GR:图形显示功能键

3. MDI 面板其他按钮

ALTER:替换键　　　　　　　　　INSERT:插入键

DELETE:删除键　　　　　　　　　HELP:帮助键

RESET:复位键　　　　　　　　　 SHIFT:切换键

CAN:取消键　　　　　　　　　　 INPUT:输入键

4. 操作面板常用按钮

FOR:主轴正转　　　　　　　　　 STOP:主轴停止

REV:主轴反转　　　　　　　　　 MTCH:手动换刀

DRN:空运行　　　　　　　　　　 SBK:单程序段

JBK:选择程序段跳过　　　　　　 EMG STOP:急停

OPT STOP:选择程序停止　　　　 MLK:机床锁住

MEMORY PROTECT: 程序保护　　 COOLANT:冷却

FEED HOLD:进给保持　　　　　　CYCLE START: 循环启动

POWER ON:系统电源开启　　　　 POWER OFF: 系统电源关闭

5. 操作面板倍率调节按钮

SPINDLE OVERRIDE:主轴倍率　　 FEED RATE OVERRIDE:进给倍率

RPID OVERRIDE:快速倍率

6. 指示灯

NC NORMAL:报警指示灯亮(正常)　　 OVERTRAVEL:超程限位

NC ALARM:(NC 报警)指示灯亮

六、实训内容(二):数控铣床基本操作

1. 开机操作

(1)打开外部总电源,启动空气压缩机。

(2)打开数控铣床后面的机床开关(旋钮调动 ON),开启机床电源。

(3)按下【POWER ON】按钮,开启系统电源。

(4)旋开急停按钮。

2. 回零操作

开机后回零可消除屏幕显示的随机动态坐标,使机床坐标与系统坐标一致。

TK7650A 数控铣床手动回零操作方法如下。

(1)选择回零方式(ZERO)。

(2)按" + Z"键,刀架沿 Z 方向回零,回零后 Z 指示灯亮,屏幕机床坐标显示"Z0. 000"。

(3)按" + X"键,刀架沿 X 方向回零,回零后 X 指示灯亮,屏幕机床坐标显示"X0. 000"。

(4)按" + Y"键,刀架沿 Y 方向回零,回零后 Y 指示灯亮,屏幕机床坐标显示"Y0. 000"。

（5）回零完毕。

注：数控铣床在开机后出现故障、出现超程报警和模拟加工后都要进行回零操作；另外，回参考点时按键要按住不动，直到回零指示灯亮后才可松开。

3. MDI 运行方式

在 MDI 方式下，可以编写一个程序段并执行。操作步骤如下：

（1）选择 MDI 方式；

（2）按【PROG】程序功能键，出现 MDI 窗口；

（3）在 MDI 窗口输入加工程序段，如

G54 S1200 M03

G00 Z20

X0 Y0

G01 Z0 F200

（检查对刀是否正确）；

（4）按【CYCLE START】循环启动键，执行输入的程序段。

4. 手动操作

数控机床通过面板的手动操作，可完成进给、主轴、刀具、冷却等功能。

1）进给操作

进给运动可分为连续进给、手轮进给和增量进给。

连续进给：在 JOG 模式下，按下坐标进给键，进给部件连续移动，直到松开坐标进给键才停止。

注：进给速度由进给倍率选择开关 FEED RATE OVERRIDE 控制；如按下中间的快速键则由快速倍率开关 RPID OVERRIDE 控制。

手轮进给：在 HANDLE 模式下，选择相应的方向和挡位后，转动手轮实现进给。（进给距离为手轮旋转格数与所选挡位的乘积，挡位有 ×1、×10、×100，对应的值分别为 0.001 mm、0.01 mm、0.1 mm）

增量进给：在 INC 模式下，选择挡位后，按相应的坐标进给键。（每按一下，机床移动与挡位相当的距离）

2）主轴操作

在 JOG 模式下，按 FOR、REV、STOP 按钮可分别实现主轴正转、反转、停转功能。

注：开机后主轴默认转速为 0 r/min，要实现主轴手动启动，需先在 MDI 模式下设置好主轴转速（若要设置转速为 1 000 r/min，则在 MDI 模式下，按程序键，输入程序段"M03 S1000"，再按下循环启动按钮【CYCLE START】即可）。

3）冷却操作

在 JOG、HANDLE 或 AUTO 模式下，按一下【COOLANT】按钮，冷却液开启，若再按一下，冷却液可关闭。

5. 编辑操作

在编辑模式下，可打开程序、输入新程序或编辑程序。

1）打开、调用程序

当内存中有多个程序，现需要调用某个程序时，具体操作如下：

（1）在 EDIT 模式下，按【PROG】功能键进入程序显示画面；

（2）键入所要调用的程序名 O××××；

（3）按"检索"软键，便打开所选择的程序 O××××。

2）输入新程序

将下列程序输入系统内存。

O00002	主程序
G54　M03　S800　T1 D1	确定工件坐标原点和主轴转速，选择刀具和刀补
G00　Z100	抬刀
G00　X0　Y0	快速移到工件 X、Y 原点
…	
…	
M05	主轴停止
M30	主程序结束并返回

输入步骤为：

（1）在 EDIT 模式下，按【PROG】功能键进入程序显示画面；

（2）将程序保护开关置于 OFF；

（3）在操作面板上依次输入下面内容

O0011【EOB】【INSERT】

G54 T1 D1 M03 S1000【EOB】【INSERT】

G0 X30 Z5【EOB】【INSERT】

…

M30【EOB】【INSERT】；

（4）按【RESET】键，光标返回程序的起始位置；

（5）将程序保护开关置于 ON。

3）编辑程序

程序编辑的步骤为：

（1）在 EDIT 模式下，按【PROG】功能键进入程序显示画面；

（2）将程序保护开关置于 OFF；

（3）打开所要编辑的程序；

（4）按光标键将光标移至预定位置对程序内容进行相应的修改（ALTER）、插入（IN-SERT）或删除（DELETE）处理；

（5）按【RESET】键，光标返回程序的起始位置；

（6）将程序保护开关置于 ON。

6. 图形模拟加工操作

在自动加工前，为避免程序错误引起刀具碰撞工件或卡盘，可进行图形模拟加工，对整个加工过程进行图形模拟显示，检查刀具轨迹是否正确。

TK7650A 数控铣床图形模拟加工操作步骤为：

（1）在 EDIT 模式下的程序显示画面中输入或调出将要检测的程序；

（2）按【RESET】键，光标返回程序的起始位置；

（3）选择 AUTO 模式,按【CSTM/GR】功能键进入图形参数设置页面;

（4）利用光标键和【INPUT】键设置相关参数;

（5）按图形【GRAPH】软键进入刀具轨迹显示页面;

（6）按下机床锁住按钮【MLK】和空运行按钮【DRN】;

（7）按下循环启动按钮【CYCLE START】启动程序进行模拟,在画面上绘出刀具运动轨迹。

注:按下扩大【ZOOM】软键显示放大图(画面中的两个放大光标定义的对角线的矩形区域为放大后显示区域),按【HI/LO】软键启动放大光标的移动(用光标键移动放大光标)。

7. 对刀操作(具体内容见后面的各种对刀方法)

简单对刀的操作步骤为:

（1）在手动方式下将刀具移动到工件零点位置;

（2）按【OFS/SET】键→按"坐标系"进入坐标系设定画面;

（3）将光标移到 G54 ~ G57 的 G54 位置;

（4）输入"X0"→按"测量",输入"Y0"→按"测量",输入"Z0"→按"测量",则在 G54 坐标系里确定了工件的坐标原点。

8. 自动加工

1）自动加工操作步骤

（1）打开或输入所要加工的程序。

（2）设置刀具参数。

（3）对刀。

（4）选择 MEMO 模式。

（5）按下循环启动按钮【CYCLE START】,主轴启动,刀架按照程序所确定轨迹开始运动,实现自动加工。

2）倍率开关控制

自动加工时,可用三个倍率开关将主轴转速、快速进给速度和切削进给速度调整到最佳数值,而不必修改程序。

3）单段执行程序

在自动加工试运转时,为安全考虑,可选择单段执行加工程序的功能。单段执行时,每按一次循环启动键,仅执行一个程序段的动作或程序段中的一个动作,可使加工程序逐段执行。

4）跳段执行循环

自动加工时,系统可对某些指定的程序段跳过不执行,称为跳段执行。在跳转程序段首有相应的指令或符号表示,如"G31"、"/"等。在自动加工时,若按下面板上的跳段运行按钮【JBK】,则跳转程序段被跳过不执行;若跳段运行按钮【JBK】释放时,跳转程序段执行不被跳过。

9. 关机操作

（1）取下加工好的工件。

（2）在手动方式下,将工作台移到中间位置,主轴尽量处于较高位置。

（3）按下急停按钮。

（4）按下【POWER OFF】按钮，关闭系统电源。

（5）关闭数控铣床后面的机床开关（旋钮调动 OFF），关闭机床电源。

（6）关闭外部总电源，关闭空气压缩机。

10. 安全操作

1）急停处理

当加工过程中出现紧急情况时，可执行紧急停止功能，一般步骤为：

（1）按下面板急停按钮，此时主轴、进给系统电源被切断，主轴停转，机床各轴停止转动；

（2）顺时针方向旋转急停按钮，按【RESET】复位键，即可解除急停状态；

（3）检查并进入手动状态，消除故障。

2）超程处理

在手动、自动加工过程中，若机床移动部件（如刀架、工作台等）超出其运动的极限位置（软件行程限位或机械限位），则系统屏幕显示超程报警，机床锁住。处理步骤为：

（1）按住"超程解除键"，同时手动操作使刀具朝安全方向移动，进入安全区域；

（2）按【RESET】复位键解除报警。

3）报警处理

数控系统对其软、硬件故障具有自诊断能力（称自诊断功能），该功能用于监视整个加工过程是否正常，并及时报警。

报警形式常见的有屏幕出错显示、机床锁住、蜂鸣器叫、警灯亮等。

报警内容常见的有程序出错、操作出错、超程、各类接口错误、伺服系统出错、数控系统出错、刀具破损等。

报警处理方法因机床而异。一般当 CRT 屏幕有出错显示时，可根据编码查阅维修手册即可查出故障原因，采取相应措施处理。

七、支撑知识

1. 工件坐标系（G54～G59）

格式：G54～G59

加工工件时使用的坐标系（编程时所确定）称为工件坐标系。工件坐标系通过对刀预先设置。如图 2.3 所示，假如编程的原点先在工件上表面的中心处，那么通过对刀使刀具端面中心与此位置重合，也就是把刀具端面中心在此位置时的机床坐标值输入到系统中，设定工件坐标系的 G54 等对应位置。

2. 简单对刀

如图 2.4 所示，把刀具端面中心放在工件上表面的中心 O 处，机床坐标显示为（－237.256，－256.231，－152.256），那么当用 G54 设定工件上表面的中心 O 点为工件坐标原点，则在 G54 坐标系里输入"X－237.256，Y－256.231，Z－152.256"。但要把刀具端面中心准确放在工件上表面的中心 O 处很难做到，因此这种方法对刀的精确度很低。一般用于加工加工余量较大的工件。

3. 试切法对刀(铣刀直径为 10 mm)

如图 2.4 所示,用试切的方法使刀具到达工件的左侧面,即图中 1 的位置,机床坐标为"X -292.856",即点 1 的 X 坐标为 -292.856。那么当用 G54 设定工件上表面的中心 O 点为工件坐标原点时,便需要将此时工件上表面中心 O 点的机床坐标计算出来,输入到 G54 坐标系中。此时 O 点的 X 坐标为"X = -292.856 + R(刀具) + 50 = -292.856 + 5 + 50 = -237.856",把机床坐标"X -237.856"输入到 G54 坐标系中。(确定 X 坐标)

用试切的方法使刀具到达工件的上侧面,即到达图中 4 的位置,机床坐标为"Y -201.931",即点 4 的 Y 坐标为 -201.931。那么当用 G54 设定工件上表面的中心 O 点为工件坐标原点时,则要将此时工件上表面的中心 O 点的机床坐标计算出来,输入到 G54 坐标系中。此时 O 点的 Y 坐标为"Y = -201.931 - R(刀具) - 50 = -201.931 - 5 - 50 = -256.931",把机床坐标"Y -256.931"输入到 G54 坐标系中。(确定 Y 坐标)

用试切的方法使刀具到达工件的上平面,即到达图中 5 的位置,机床坐标为"Z -152.956",即点 5 的 Z 坐标为 -152.956。那么当用 G54 设定工件上表面的中心 O 点为工件坐标原点时,则要将此时工件上表面的中心 O 点的机床坐标"Z -152.956"输入到 G54 坐标系中。(确定 Z 坐标)

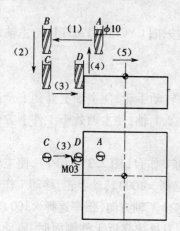

图 2.3 对刀时刀具移动图

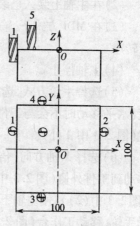

图 2.4 试切法对刀

4. FANUC 0i 系统数控铣床中对刀(铣刀直径为 10 mm)

在 FANUC 0i 系统数控铣床中,只要将刀具在工件坐标系中的坐标输入,然后按"测量"键就可以把工件原点的机床坐标输入到 G54 坐标系里,从而完成对刀。

1)简单对刀

如图 2.4 所示,把刀具端面中心放在工件上表面的中心 O 处,此时刀具所在位置的工件坐标为(0,0,0),机床坐标显示为(-237.856, -256.931, -152.956)。那么当用 G54 设定工件上表面的中心 O 点为工件坐标原点,只要输入"X0"后按"测量"键,输入"Y0"后按"测量"键,输入"Z0"后按"测量"键,则在 G54 坐标系里便自动输入"X -237.856, Y -256.931, Z -152.956",从而完成对刀。

2)试切法对刀

如图 2.4 所示,用试切的方法使刀具到达工件的左侧面,即到达图中 1 的位置,机床坐标为"X – 292.856",此时刀具所在位置的工件坐标为"X – 55"。那么当用 G54 设定工件上表面的中心 O 点为工件坐标原点时,只要输入"X – 55"后按"测量"键,便在 G54 坐标系里自动输入"X – 237.856"(O 点 X 方向的机床坐标),从而完成 X 方向对刀。

用试切的方法使刀具到达工件的上侧面,即到达图中 4 的位置,机床坐标为"Y – 201.931",此时刀具所在位置的工件坐标为"Y55"。那么当用 G54 设定工件上表面的中心 O 点为工件坐标原点时,只要输入"Y55"后按"测量"键,便在 G54 坐标系里自动输入"Y – 256.931"(O 点 Y 方向的机床坐标),从而完成 Y 方向对刀。

用试切的方法使刀具到达工件的上平面,即到达图中 5 的位置,机床坐标为"Z – 152.956",此时刀具所在位置的工件坐标为"Z0"。那么当用 G54 设定工件上表面的中心 O 点为工件坐标原点时,只要输入"Z0"后按"测量"键,便在 G54 坐标系里自动输入"Z – 152.956"(O 点 Z 方向的机床坐标),从而完成 Z 方向对刀。

八、实训内容(三):用试切法对刀

1. 操作步骤

(1)工件装夹并校平行后夹紧。

(2)在主轴上装入已装好刀具(φ10 mm 铣刀)的刀柄。

(3)在 MDI 方式下,输入"M03 S800",按循环启动按钮【CYCLE START】,给主轴设定转速。

(4)主轴停止。

(5)选择手轮方式,选择 Z 轴方向(倍率选择 ×100)转动手轮,使主轴上升到安全高度(水平移动时不会与工件及夹具碰撞即可),分别移动 X、Y 轴,使主轴处于工件上方位置(图 2.3 中 A 处)。

(6)选择 X 轴方向(倍率选择 ×100)转动手轮,移动工作台(图 2.3 中(1)),使主轴移动到工件外侧(图 2.3 中 B 处);选择 Z 轴方向(倍率选择 ×100)转动手轮,移动工作台(图 2.3 中(2)),使主轴下降,刀具到达图 2.3 中 C 处;选择 X 轴方向(倍率选择 ×100)转动手轮,移动工作台(图 2.3 中(3)),使刀具靠近工件。刀具快靠近工件侧面时,启动主轴使其转动,倍率选择 ×10 或 ×1。手轮要一格一格转动,一旦发现有切屑(或听到"嚓、嚓、嚓"的响声时),刀具即到达图 2.3 中 D 处(即图 2.4 中 1 的位置)。

(7)按【OFS/SET】键→按"坐标系",进入坐标系设定画面。

(8)将光标移到 G54 ~ G57 的 G54 位置。

(9)输入"X – 105"→按"测量",便在 G54 坐标系里确定了工件的 X 坐标原点。

(10)选择 Z 轴方向(倍率选择 ×100)转动手轮,使主轴上升到安全高度,分别移动 X、Y 轴,使主轴处于工件上方位置(图 2.3 中 A 处)。

(11)按步骤(6)的方法使刀具移动到图 2.4 中 3 的位置。

(12)按【OFS/SET】键→按"坐标系",进入坐标系设定画面。

(13)将光标移到 G54 ~ G57 的 G54 位置。

(14)输入"Y – 105"→按"测量",便在 G54 坐标系里确定了工件的 Y 坐标原点。

(15)选择 Z 轴方向(倍率选择 ×100)转动手轮,使主轴上升到安全高度,分别移动

X、Y 轴,使主轴处于工件上方位置(图 2.3 中 A 处)。

(16)选择 Z 轴方向(倍率选择×100)转动手轮,使刀具靠近工件。刀具快靠近工件上平面时,启动主轴使其转动,倍率选择×10 或×1。手轮要一格一格转动,一旦发现有切屑(或听到有"嚓、嚓、嚓"的响声时),刀具即到达了图 2.4 中 5 的位置。

(17)按【OFS/SET】键→按"坐标系",进入坐标系设定画面。

(18)将光标移到 G54 ~ G57 的 G54 位置。

(19)输入"Z0"→按"测量",便在 G54 坐标系里确定了工件的 Z 坐标原点。

2. 检验对刀程序

O00002	主程序
G54　M03　S800	确定工件坐标原点和主轴转速
G00　Z100	抬刀
G00　X0　Y0	快速移到工件 X、Y 原点
G00　Z20	快速下刀
G01　Z0　F100	以 100 mm/min 进给速度下刀到 Z 轴原点
M05	主轴停止
M30	主程序结束并返回

注:试切法的对刀精度不高,工件上留有对刀痕迹,主要用于侧面需要加工或要求不高的零件。

项目 2.2　SIEMENS – 802S 系统数控铣床基本操作

一、训练任务(计划学时:4)

掌握 ZK7640 数控铣床(SIEMENS – 802S 系统)的基本操作、寻边器对刀和 Z 轴对刀仪对刀方法。

二、能力目标、知识目标

(1)能操作 ZK7640 数控铣床(SIEMENS – 802S 系统),能用寻边器对刀和 Z 轴对刀仪对刀。

(2)熟悉 SIEMENS – 802S 系统数控铣床的操作面板。

三、加工准备

(1)选用机床:ZK7640 数控铣床(SIEMENS – 802S 系统),如图 2.5 所示。

(2)选用夹具:精密平口钳。

(3)使用毛坯:100 mm×100 mm×20 mm 的 45 钢,六面已加工。

(4)工具、量具、刀具参照备注配备。

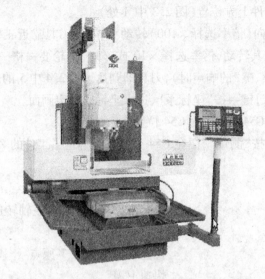

图 2.5　ZK7640 数控铣床(SIEMENS – 802S 系统)

四、训练步骤

(1)操作数控铣床,熟悉 SIEMENS – 802S 系统数控铣床的操作面板。

(2)操作数控铣床,练习开机、回零、刀具补偿输入、程序输入及程序检验。

(3)操作数控铣床,练习数控铣床对刀法 B(寻边器对刀),并检查对刀是否正确。

五、实训内容(一):SIEMENS – 802S 系统数控铣床操作面板及简介

1. SIEMENS – 802S 系统数控铣床操作面板

SIEMENS – 802S 系统数控铣床操作面板如图 2.6 所示。

1)NC 键盘区(左侧)

Ⓜ 加工显示 　　　　　　　　　　　□ 软菜单键

∧ 返回键 　　　　　　　　　　　　← 删除键(退格键)

＞ 菜单扩展键 　　　　　　　　　　⇧ 上档键

◈ 回车/输入键 　　　　　　　　　　'9 数字键(上档键转换对应字符)

⌷ 空格键(插入键) 　　　　　　　　'B 字母键(上档键转换对应字符)

▼ 光标向下键/向下翻页键 　　　　　▲ 光标向上键/向上翻页键

◀ 光标向左键 　　　　　　　　　　▶ 光标向右键

⌷ 区域转换键 　　　　　　　　　　⌷ 垂直菜单键

⊖ 报警应答键 　　　　　　　　　　↻ 选择/转换键

2)机床控制面板区域(右侧)

⌷ 增量选择键 　　　　　　　　　　⌷ 主轴正转
[VAR]

⌷ 点动键 　　　　　　　　　　　　⌷ 主轴停止
Jog

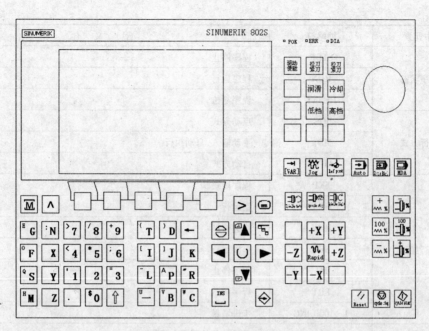

图 2.6 SIEMENS – 802S 系统数控铣床操作面板

回参考点键	主轴反转
自动方式键	轴进给正
单段运行键	轴进给 100%
手动数据键	轴进给负
快速运行键	主轴进给负
复位键	主轴进给 100%
数控停止键	主轴进给正
数控启动键	Z 轴点动
X 轴点动	Y 轴点动

2. 屏幕划分

屏幕划分见表 2.1。

表 2.1 屏幕划分

图中元素	缩略符	含 义
	MA	加工
	PA	参数
(1) 当前操作区域	PR	程序
	DI	通信
	DG	诊断

续表

图中元素	缩略符	含　义
(2)程序状态	STOP	程序停止
	RUN	程序运行
	RESET	程序复位
(3)运行方式	JOG	点动方式
	MDA	手动输入,自动执行
	AUTO	自动方式
(4)状态显示	SKP	程序段跳跃
	DRY	空运行
	ROV	快速修调
	SBL	单段运行
	M1	程序停止
	PRT	程序测试
	1 _ 1000 INC	步进增量
(5)程序名		显示选择的程序名
(6)进给轴速度		显示进给轴的编程速度、速度倍率、实际速度
(7)工作窗口		显示坐标等 NC 信息
(8)返回键	∧	表示存在上一级菜单,按"返回键"直接返回到上一级菜单
(9)扩展键	>	表示同一级菜单存在其他菜单功能,按"扩展键"可以选择这些功能
(10)主轴速度		显示主轴的实际速度

注:按 M 可直接进入加工操作区;按 ▣ 可从任何操作区域返回主菜单。

3. 操作区域

控制器中的基本功能可以划分为加工、参数、编程、通信和诊断五个操作区域。系统开机后首先进入"加工"操作区,使用" ▣ 区域转换"键可以从任何操作区返回主菜单。

SIEMENS‑802S 操作区如图 2.7 所示。

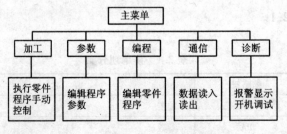

图 2.7 SIEMENS‑802S 操作区

4. 主菜单与主菜单树

按" ▣ 区域转换"键一次或二次,总可得到 SIEMENS‑802S 系统主菜单,如图 2.8 所示,以该主菜单为基础,可找到其他所需的菜单画面。

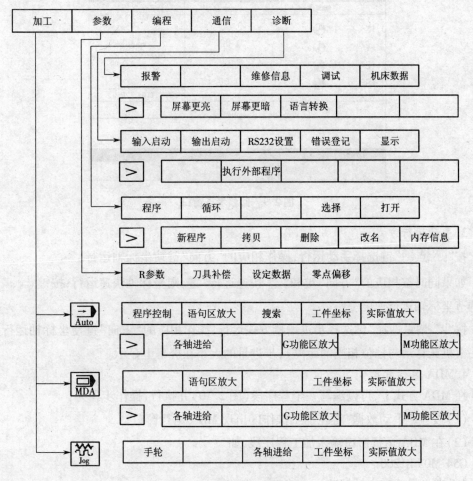

图2.8　主菜单与主菜单树

六、实训内容(二):SIEMENS-802S系统数控铣床的基本操作

1. 开机

(1)合上总电源开关,检查风机是否正常工作(包括操纵台、主电机),并观看风机转向是否正确,弱电柜上的制冷器温度应调节在25~30℃范围内。

(2)先按机床操作面板上的"机床开"按钮,再按机床操作面板上的"系统开"按钮,在数秒钟后荧光屏开始显示正常的工作状态。进入"加工"操作区,出现"回参考点"窗口。

2. 回参考点

开机后按"回参考点"键在加工操作区出现"回参考点"窗口,按键 +Z 、+Y 、+X 使每个坐标轴逐一回参考点。回参考点时按键要按住不动,直到变为 后才可松开,(○表示坐标轴未回参考点; 表示坐标轴已回参考点),回参考点窗口如图2.9所示。

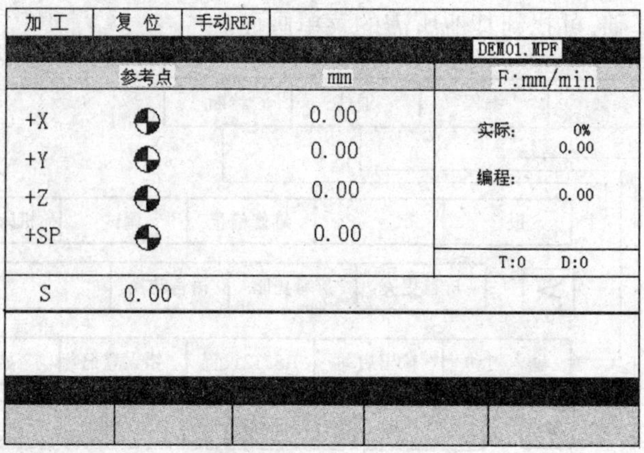

图2.9 回参考点窗口

3. 手动运行方式

按"点动"键选择手动运行,操作相应的"方向"键使坐标轴运行。

如果同时按相应的"方向"键和"快速运行"键,则坐标轴快速运行;按键、可以调节坐标轴运行速度。

按"增量选择"键选择步进增量方式运行,操作相应的"方向"键使坐标轴运行(每按一下机床移动与挡位相当的距离),步进量的大小在屏幕上显示。

4. MDA 运行方式

在 MDA 方式下,可以编写一个程序段(图2.10)并执行,操作步骤为:

(1)按"手动数据"键在加工操作区出现 MDA 运行窗口;

(2)在 MDA 运行窗口输入加工程序段,如

G54 M03 S1200

(设定坐标系和主轴转速);

(3)按"数控启动"键执行输入的程序段。

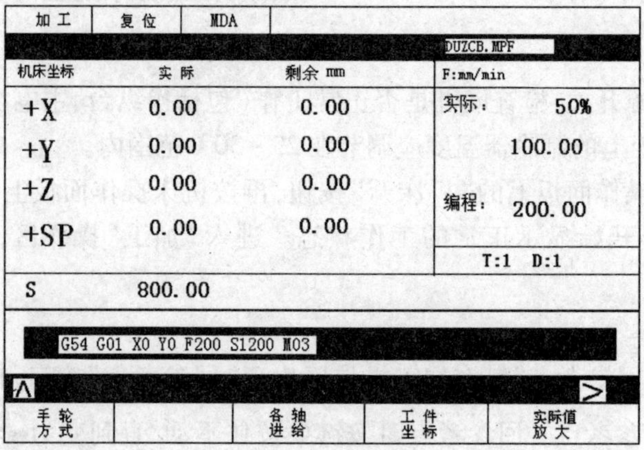

图2.10 MDA 运行窗口

5. 参数设定

1) 刀具补偿设置

(1) 在参数操作区选择"刀具补偿",出现刀具补偿窗口,选择相应刀具号,再选择相应刀沿号。

(2) 输入刀具长度补偿值和半径补偿值,按"输入"键确认。

2) 零点偏移 G54～G57 设置(简单对刀)

(1) 在参数操作区选择"零点偏移",出现零点偏置窗口,如图 2.11 所示。

(2) 在手动方式下将刀具移动到工件零点位置。

(3) 将光标移到 G54～G57 的 X 位置,按"测量"键,选择相应刀具后按"确定"键,出现计算零点偏置窗口,再按"计算"键,最后按"确定"键(确定 X 坐标位置)。

(4) Y、Z 坐标位置的确定与 X 的相同。

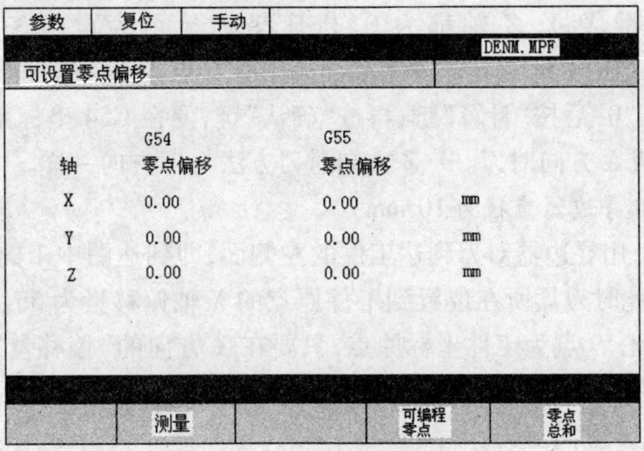

参数	复位	手动			
					DENM.MPF
可设置零点偏移					
轴	G54 零点偏移		G55 零点偏移		
X	0.00		0.00		mm
Y	0.00		0.00		mm
Z	0.00		0.00		mm
	测量			可编程零点	零点总和

图 2.11　零点偏置窗口

6. 零件编程

1) 输入程序

(1) 在程序操作区按"新程序"键,输入新程序名。

(2) 输入待加工的零件程序,在输入零件程序时可以使用"轮廓"功能。

2) 编辑程序

(1) 在程序操作区打开程序目录窗口。

(2) 把光标移动到待编辑的程序上按"打开"键,将待编辑的程序打开,便可进行编辑,所有的修改会立即存储。

3) 调用程序

(1) 在程序操作区打开程序目录窗口。

(2) 把光标移动到待调用的程序上按"选择"键,选择待调用的程序。

(3) 按"◇数控启动"键便执行零件程序。

7. 自动运行方式

在自动运行方式下,零件程序可以自动执行。

在机床回参考点,待加工的零件程序已装入,输入必要的补偿值(零点偏移或刀具补

偿)后,操作步骤为:

(1)按"▣自动方式"键选择自动工作方式;

(2)在程序操作区把光标移动到待加工的程序上按"选择"键,选择待加工的零件程序;

(3)在加工操作区调节好进给倍率后,按"◇数控启动"键执行零件程序。

七、支撑知识:SIEMENS-802S 系统数控铣床中对刀

在 SIEMENS-802S 系统数控铣床中,只要将刀具到工件原点的偏移量输入,然后按"计算"键,就可以把工件原点的机床坐标输入到 G54 坐标系里,从而完成对刀。

1. 简单对刀

如图 2.3 所示,把刀具端面中心放在工件上表面的中心 O 处,此时刀具所在位置到工件原点的偏移量 X、Y、Z 轴都为 0,机床坐标显示为(-237.856, -256.931, -152.956)。那么当用 G54 设定工件上表面的中心 O 点为工件坐标原点,只要在 X 方向的"偏移量"上输入"0"后按"计算"键,再按"确认"键,便在 G54 坐标系里自动输入"X -237.856",从而完成 X 方向对刀。Y、Z 方向对刀方法与 X 方向一样。

2. 寻边器对刀(寻边器直径为 10 mm)

如图 2.4 所示,用寻边器对刀到达工件的左侧面,即到达图中 1 的位置时,机床坐标为"X -292.856",此时刀具所在位置到工件原点的 X 轴偏移量为 55。那么当用 G54 设定工件上表面的中心 O 点为工件坐标原点,只要在 X 方向的"偏移量"上输入"55"后按"计算"键,再按"确认"键,便在 G54 坐标系里自动输入"X -237.856"(O 点 X 方向的机床坐标),从而完成 X 方向对刀。

用寻边器对刀到达工件的上侧面,即到达图中 4 的位置时,机床坐标为"Y -201.931",此时刀具所在位置到工件原点的 Y 轴偏移量为 -55。那么当用 G54 设定工件上表面的中心 O 点为工件坐标原点,只要在 Y 方向的"偏移量"上输入"-55"后按"计算"键,再按"确认"键,便在 G54 坐标系里自动输入"Y -256.931"(O 点 Y 方向的机床坐标),从而完成 Y 方向对刀。

八、实训内容(三):用寻边器对刀和 Z 轴对刀仪对刀

1. 用寻边器对刀(寻边器直径为 10 mm)

用寻边器对刀(图 2.12 和图 2.13)的操作步骤为:

(1)在参数操作区选择"零点偏移",出现零点偏置窗口;

(2)使寻边器正好到达工件的左侧面,即到达图 2.12 中 1 的位置;

(3)将光标移到 G54~G57 的"X"位置,按"测量"键,选择相应刀具后按"确定"键,出现计算零点偏置窗口,在"零偏"输入"-55",再按"计算"键,最后按"确定"键(图 2.14),便可确定 X 坐标位置。

(4)使寻边器到达工件的上侧面,即到达图 2.12 中 4 的位置。

(5)将光标移到 G54~G57 的"Y"位置,按"测量"键,选择相应刀具后按"确定"键,出现计算零点偏置窗口,在"零偏"输入"55",再按"计算"键,最后按"确定"键(图

2.15)，便可确定 Y 坐标位置。

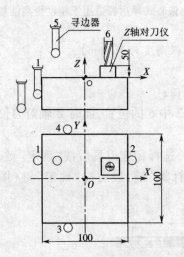

5
寻边器
6
Z轴对刀仪
50
1
Z
X
4
Y
1
2
X
O
100
3
100

图 2.12　用寻边器对刀

B
(1)
A
Sϕ10
(2)
(5)
C
D
(4)
(3)
C
(3)
D
A
M03

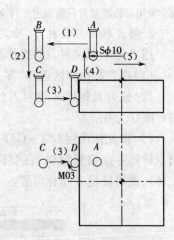

图 2.13　寻边器移动图

参数
复位
手动
10　INC
DEMC.MPF
零点偏移测定
偏移
轴
位置
G54
0.000mm
X
0.000mm
T 号 : 1
D号 : 1
T 型 : 500
半径 :
无
零偏
-55.000
mm
下一个G平面
轴+
计算
确认

图 2.14　确定 X 轴零点

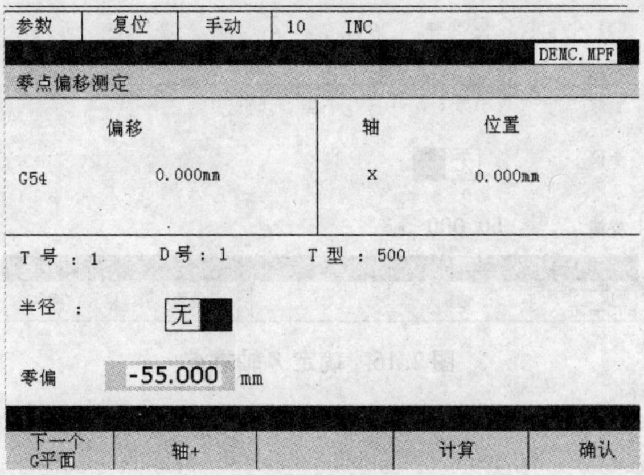

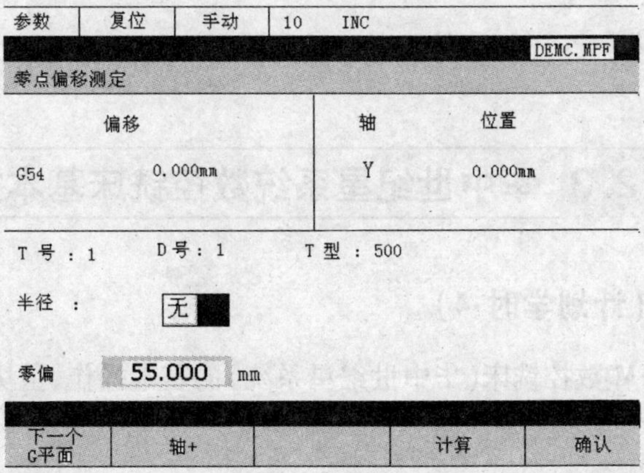

参数
复位
手动
10　INC
DEMC.MPF
零点偏移测定
偏移
轴
位置
G54
0.000mm
Y
0.000mm
T 号 : 1
D号 : 1
T 型 : 500
半径 :
无
零偏
55.000
mm
下一个G平面
轴+
计算
确认

图 2.15　确定 Y 轴零点

注:使用光电寻边器时主轴不要转动,而使用偏心式寻边器时主轴必须转动。寻边器对刀主要用于加工侧面不需要加工且精度要求较高的零件。光电式寻边器比偏心式寻边器适用于精度更高的场合。采用寻边器对刀只能确定工件 X、Y 轴坐标原点。

2. 用 Z 轴对刀仪对刀(确定工件 Z 轴坐标原点,对刀仪高度为 50 mm)

用 Z 轴对刀仪对刀的操作步骤为:

(1)在参数操作区选择"零点偏移",出现零点偏置窗口;

(2)使刀具到达 Z 轴对刀仪的上平面,即到达图 2.12 中 6 的位置,此时 Z 轴对刀仪指针刚好为 0;

(3)将光标移到 G54 ~ G57 的"Z"位置,按"测量"键,选择相应刀具后按"确定"键,出现计算零点偏置窗口,在"零偏"输入"– 50",再按"计算"键,最后按"确定"键(图 2.16),便可确定 Z 坐标位置。

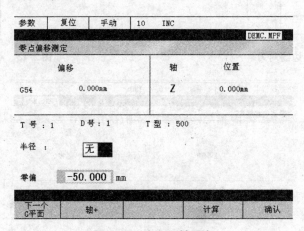

图 2.16　确定 Z 轴零点

3. 检验对刀程序

O00002

G54　M03　S800　T1　D1

G00　Z100

G00　X0　Y0

G01　Z20　F100

M30

项目2.3　华中世纪星系统数控铣床基本操作

一、训练任务(计划学时:4)

掌握 HMDI – 21M 数控铣床(华中世纪星系统)的基本操作、量块对刀和杠杆百分表对刀方法。

二、能力目标、知识目标

(1)能操作 HMDI – 21M 数控铣床(华中世纪星系统),能用量块对刀和杠杆百分表对刀。

（2）熟悉华中世纪星系统数控铣床的操作面板。

三、加工准备

（1）选用机床：HMDI－21M 数控铣床（华中世纪星系统）。

（2）选用夹具：精密平口钳。

（3）使用毛坯：100 mm×100 mm×20 mm 的 45 钢，六面已加工。

（4）工具、量具、刀具参照备注配备。

四、训练步骤

（1）操作数控铣床，熟悉华中世纪星系统数控铣床的操作面板。

（2）操作数控铣床，练习开机、回零、刀具补偿输入、程序输入及程序检验。

（3）操作数控铣床，练习数控铣床对刀法 C（量块对刀）和 D（杠杆百分表对刀），并检查对刀是否正确。

五、实训内容（一）：华中世纪星系统数控铣床 MDI 面板和操作面板介绍

华中世纪星系统数控铣床是国产数控系统中运用较广泛的一种数控系统，虽然不同厂家生产的华中世纪星系统数控铣床在结构上各有不同，但基本功能和操作大致相同。本节以 HMDI－21M 数控铣床（华中世纪星系统）操作面板（图 2.17）为例进行介绍。

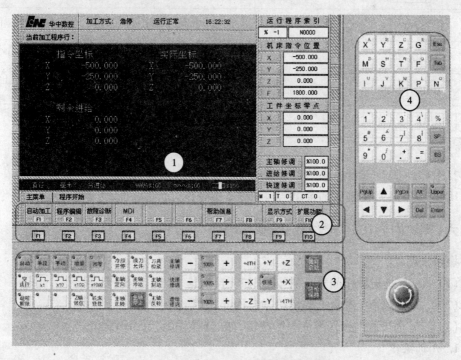

图 2.17　HMDI－21M 数控铣床操作面板

1—CRT 显示；2—横排软键；3—面板操作区；4—键盘区

1. MDI 面板上各键功能

MDI 面板上各键功能见表 2.2。

表 2.2 MDI 面板上各键功能

键	名 称	功能说明
X^A	地址/数字输入键	输入字母、数字和运算符号
Esc	取消键	取消某些错误操作
Tab	Tab 键	备用键
%	程序名键	程序第一行选用%×××作为程序名
SP	空格键	输入空格
BS	回退键	回退清除输入字符
Enter	回车确认键	用于程序段换行或输入参数时的确认
Shift	Shift 键	备用键
Del	删除键	编程时用于删除已输入的字及删除在 CNC 中的程序
Alt	Alt 键	用于一些快捷方式,如查找上一条提示信息用 Alt + K
Upper	上档键	输入的地址或数字为该键右上角的地址或数字
Pgup pgin	页面变换键	用于在 CRT 屏幕选择不同的页面,Pgup 返回上一节页面,Pgin 进入下一级页面
△ ▽ ◁ ▷	光标移动键	上、下、左、右移动光标

2. HMDI – 21M 数控铣床的菜单结构

HMDI – 21M 数控铣床的菜单结构如图 2.18 所示。

六、实训内容(二):数控铣床基本操作

操作说明:

(1)<   >是指操作面板上的按钮,如<自动>、<进给保持>等;

(2)"   "是指 NC 键盘上的按钮,如"Pgup"、"Upper"等;

(3)[   ]是指软件操作界面上的按键,如[选择程序]、[MDI]等。

1. 开机操作

(1)打开外部总电源,启动空气压缩机。

(2)打开数控铣床后面的机床开关(旋钮调动 ON),开启机床电源。

(3)开启系统电源。

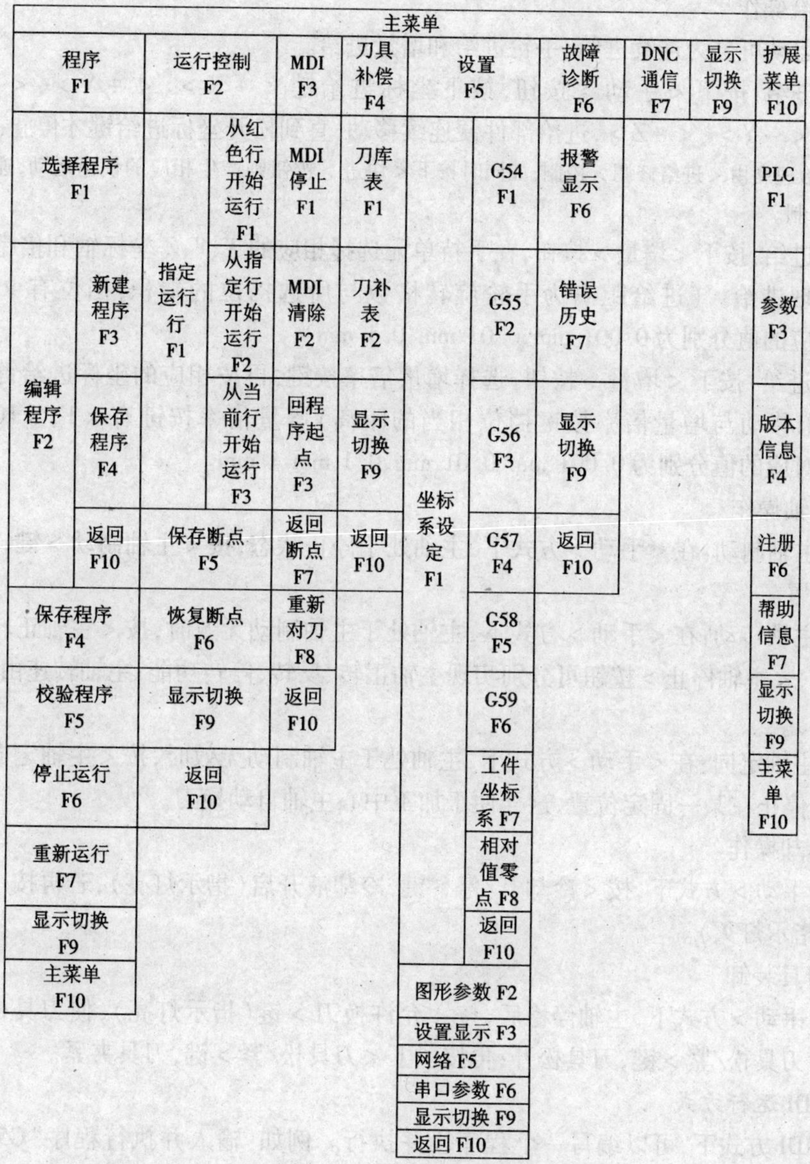

程序 F1	编辑程序 F2（子）	运行控制 F2	指定运行行 F1（子）	MDI F3	刀具补偿 F4	设置 F5	坐标系设定 F1（子）	故障诊断 F6	DNC通信 F7	显示切换 F9	扩展菜单 F10
选择程序 F1			从红色行开始运行 F1	MDI停止 F1	刀库表 F1		G54 F1	报警显示 F6			PLC F1
	新建程序 F3	指定运行行 F1	从指定行开始运行 F2	MDI清除 F2	刀补表 F2		G55 F2	错误历史 F7			参数 F3
编辑程序 F2	保存程序 F4		从当前行开始运行 F3	回程序起点 F3	显示切换 F9		G56 F3	显示切换 F9			版本信息 F4
	返回 F10	保存断点 F5		返回断点 F7	返回 F10	坐标系设定 F1	G57 F4	返回 F10			注册 F6
保存程序 F4		恢复断点 F6		重新对刀 F8			G58 F5				帮助信息 F7
校验程序 F5		显示切换 F9		返回 F10			G59 F6				显示切换 F9
停止运行 F6		返回 F10					工件坐标系 F7				主菜单 F10
重新运行 F7							相对值零点 F8				
显示切换 F9							返回 F10				
主菜单 F10						图形参数 F2					
						设置显示 F3					
						网络 F5					
						串口参数 F6					
						显示切换 F9					
						返回 F10					

图 2.18　HMDI - 21M 数控铣床的菜单结构

（4）旋开急停按钮。

2. 回零操作

（1）检查操作面板上回零指示灯是否亮,若指示灯亮,便已进入回零模式;若指示灯不亮,则点击<回零>按钮,使回零指示灯亮,转入回零模式。

（2）点击控制面板上的 < +Z >,此时 Z 轴将回零,CRT 上的 Z 坐标变为"0.000"。同样,分别点击 < +X >、< +Y >按钮,可以将 X、Y 轴回零。

3. 手动操作

数控机床通过面板的手动操作,可完成进给、主轴、刀具、冷却等功能。

1）进给操作

进给运动可分为连续进给、手轮进给和增量进给。

连续进给：按下＜手动＞按钮，按下坐标进给键＜＋X＞、＜＋Y＞、＜＋Z＞或＜－X＞、＜－Y＞、＜－Z＞，进给部件便连续移动，直到松开坐标进给键才停止。

注：进给速度由＜进给修调＞控制；如同时按下＜快进＞按钮则产生相应的快速运动，速度由＜快速修调＞控制。

手轮进给：按下＜增量＞按钮，在手持单元选择相应的 X、Y、Z 坐标轴和倍率挡位，转动手轮实现进给。（进给距离为手轮旋转格数与所选挡位的乘积，挡位有 ×1、×10、×100，对应的值分别为 0.001 mm、0.01 mm、0.1 mm）

增量进给：按下＜增量＞按钮，选择增量倍率按键，再按相应的坐标进给键。（每按一下，机床移动与增量倍率按键挡位相当的距离）增量倍率按键有 ×1、×10、×100、×1 000，对应的值分别为 0.001 mm、0.01 mm、0.1 mm、1 mm。

2）主轴操作

（1）主轴制动：在＜手动＞方式下，主轴处于停止状态，按＜主轴制动＞键，主轴锁定在当前位置。

（2）主轴转动：在＜手动＞方式下，主轴处于主轴制动无效时，按＜主轴正转＞、＜主轴反转＞、＜主轴停止＞按钮可分别实现主轴正转、反转、停转功能；主轴转速由＜主轴修调＞控制。

（3）主轴定向：在＜手动＞方式下，主轴处于主轴制动无效时，按＜主轴定向＞键，主轴则准确停止在某一固定位置，这样便于加工中心主轴自动换刀。

3）冷却操作

在＜手动＞方式下，按＜冷却开/停＞键，冷却液开启（指示灯亮），若再按一下，冷却液关闭（指示灯灭）。

4）刀具装卸

在＜手动＞方式下，主轴停稳后，按＜允许换刀＞键（指示灯亮），使刀具松紧有效，按一下＜刀具松/紧＞键，刀具松开；再按一下＜刀具松/紧＞键，刀具夹紧。

4. MDI 运行方式

在 MDI 方式下，可以编写一个程序段并执行。例如：输入并执行程序"G54 G01 X0 Y0 F200 S1200 M03"，检查 X、Y 轴对刀是否正确。操作步骤为：

（1）在主菜单下按［F3］键（MDI），进入 MDI 子菜单，如图 2.19 所示；

（2）输入"G54 M03 S1200 G01 X0 Y0 F200"，按"确定"键；

（3）按下＜自动＞按钮，选择＜自动＞方式；

（4）按＜循环启动＞键，执行输入的程序段。

5. 程序操作

在程序功能下，可打开调用程序、输入新程序或编辑程序。在主菜单下按［F1］（程序）键，进入程序功能子菜单。

1）新建程序［F3］

（1）输入新程序：

O0022

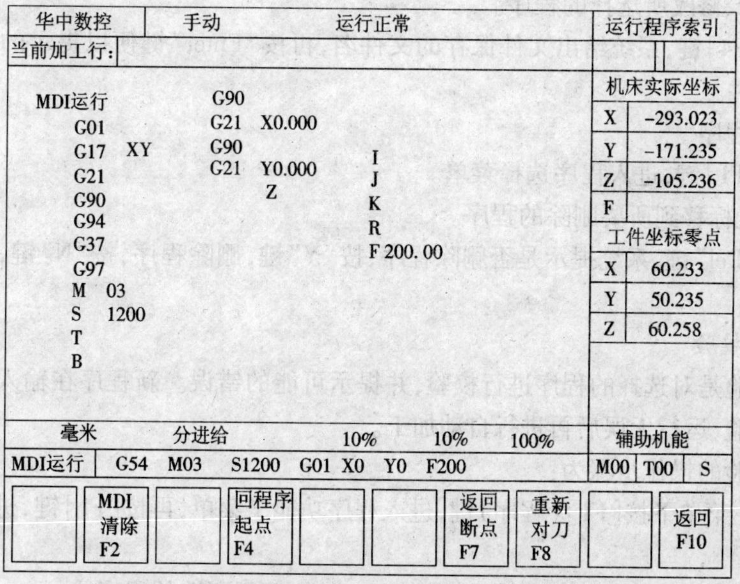

华中数控	手动	运行正常		运行程序索引		
当前加工行：						
MDI运行		G90		机床实际坐标		
G01		G21 X0.000		X	-293.023	
G17 XY		G90		Y	-171.235	
G21		G21 Y0.000	I	Z	-105.236	
G90		Z	J	F		
G94			K	工件坐标零点		
G37			R	X	60.233	
G97			F 200.00	Y	50.235	
M 03				Z	60.258	
S 1200						
T						
B						
毫米	分进给	10% 10% 100%		辅助机能		
MDI运行	G54 M03 S1200 G01 X0 Y0 F200			M00 T00 S		

| | MDI 清除 F2 | | 回程序 起点 F4 | | 返回 断点 F7 | 重新 对刀 F8 | | 返回 F10 |

图 2.19　MDI 子菜单页面

G54　M03　S1000　T1　D1

G0　X30　Z5

…

M30

（2）输入步骤为：

①按［F3］键，进入新建程序菜单；

②系统提示输入新建程序名，输入"O0022"，按"Enter"键；

③输入

G54　M03　S1000　T1　D1

G0　X30　Z5

…

M30；

④按［F4］键，系统给出文件保存的文件名，按"Enter"键便以提示的文件名保存当前文件。如将提示的文件名改为其他名字，则重新输入文件名后按"Enter"键保存。

2）选择程序

（1）按［F1］键，进入程序选择菜单。

（2）将光标移到所要选择的程序。

（3）按"Enter"键，选择所选的程序。

3）编辑程序

（1）按［F1］键，进入程序选择菜单。

（2）将光标移到所要选择的程序。

（3）按"Enter"键，选择所选的程序。

（4）按［F2］键，进入程序编辑菜单。

(5)编辑、修改所选择的程序。

(6)按[F4]键,系统给出文件保存的文件名,再按"Enter"键便以提示的文件名保存修改后的文件。

4)删除程序

(1)按[F1]键,进入程序选择菜单。

(2)将光标移到所要删除的程序。

(3)按"Del"键,系统提示是否删除程序,按"Y"键,删除程序,按"N"键,则取消删除程序。

6. 程序校验

程序校验是对选择的程序进行校验,并提示可能的错误。新程序在输入和修改后最好先进行校验,运行无误后再进行自动加工。

程序校验的操作步骤为:

(1)在主菜单下按[F1](程序)键,进入程序功能子菜单,再按[F1]键,进入程序选择菜单;

(2)将光标移到所要校验的程序,按"Enter"键,调用所选的程序;

(3)按<自动>按钮或<单段>按钮,进入程序运行方式;

(4)在程序功能子菜单下按[F5]键,进入自动校验方式;

(5)按<循环启动>键,校验所选择的程序;

(6)校验完成后,光标将返回程序开头,并在命令行显示程序的哪一行有错;

(7)修改程序并保存,然后继续校验修改后的程序,直到程序正确为止。

注:在校验程序时还要观察加工路径图,通过观察显示的加工路径图与工件的加工路径是否一致,来检查程序是否有误。

7. 参数设置

1)坐标系

操作步骤为:

(1)在主菜单下按[F5](设置)键,进入设置功能子菜单;

(2)按[F1](坐标系设定)键,按下相应的[F1]……[F8]键,选择要输入的坐标系;

(3)在命令行输入工件原点的数据。

2)刀补表

操作步骤为:

(1)在主菜单下按[F4](刀具补偿)键,进入刀具补偿功能子菜单;

(2)按[F2](刀补表)键,进入刀补表;

(3)用光标选择所选刀补号及要编辑的选项,按"Enter"键确定;

(4)输入要编辑的数据,按"Enter"键确定。

3)刀库表

操作步骤为:

(1)在主菜单下按[F4](刀具补偿)键,进入刀具补偿功能子菜单;

(2)按[F1](刀库表)键,进入刀库表;

(3)用光标选择所选位置及刀号、组号,按"Enter"键确定;

(4)输入要编辑的数据,按"Enter"键确定。

8. 自动加工

在程序校验、参数输入后,就可对程序进行自动加工。

1)自动加工的操作步骤

(1)在主菜单下按[F1](程序)键,进入程序功能子菜单,再按[F1]键,进入程序选择菜单。

(2)将光标移到所要运行的程序,按"Enter"键,调用所选的程序。

(3)按<自动>按钮,进入程序运行方式。

(4)在主菜单下按[F2](运行控制)键。

(5)按<循环启动>键,运行所选择的程序。

注:在自动加工过程中,按下<进给保持>键(指示灯亮),机床暂停运行,再按一下<循环启动>键,又继续加工。

2)从任意行运行

(1)从指定行开始运行的操作步骤为:

①按下<进给保持>键(指示灯亮),使机床暂停运行;

②在主菜单下按[F2](运行控制)键,进入运行控制子菜单;

③按[F1](指定行运行)键,用光标选择[从指定行开始运行],按"Enter"键;

④输入开始运行的行号,按"Enter"键;

⑤按一下<循环启动>键,程序从指定行开始运行。

(2)从当前行开始运行的操作步骤为:

①按下<进给保持>键(指示灯亮),使机床暂停运行;

②在主菜单下按[F2](运行控制)键,进入运行控制子菜单;

③按[F1](指定行运行)键,用光标选择[从当前行开始运行],按"Enter"键;

④按一下<循环启动>键,程序从当前行开始运行。

3)空运行、单段运行

按<自动>按钮,进入<自动>方式,再按<空运行>按钮(指示灯亮),机床将以最快速度运行。空运行一般不做实际切削,刀具离工件有一定距离,主要为了确定切削路径及程序。在实际切削加工时应关闭此功能。

按<单段>按钮,进入<单段>方式(指示灯亮),再按一下<循环启动>键,机床运行一段程序后停止,再按一下<循环启动>键,机床运行下一段程序后再次停止。

4)加工断点保存与恢复

断点保存与恢复为大型零件的加工提供了很大的方便。

(1)保存加工断点的操作步骤为:

①按下<进给保持>键(指示灯亮),使机床暂停运行;

②按[F1](保存断点)键,系统提示输入保存断点文件;

③按"Enter"键,系统将自动建立一个后缀为".BP1"的断点文件,也可将文件改为其他名字如"O1234.BP1",此时不用输入后缀。

(2)恢复加工断点的操作步骤为:

①如果在保存断点后关闭了系统电源,上电后要先回零,否则不用回零;

②按[F6]（恢复断点）键,系统给出所有的断点文件;

③用光标选择所要恢复的断点文件,如"O1234. BP1",按"Enter"键,系统将根据断点文件恢复中断程序时的状态。

(3)在保存断点后,如果机床坐标轴有移动,则要先返回断点,然后再进行加工。操作步骤为:

①手动方式移动坐标轴到断点附近,保证在返回断点时刀具不会碰到工件;

②按[F3]（MDI）键,在 MDI 方式子菜单下按[F7]（断点返回）键,并将断点数据输入;

③按<循环启动>键,刀具将移到断点位置;

④按[F10]（返回）键,退出 MDI 方式,按<循环启动>键,便可从断点处开始加工。

七、支撑知识

1. 华中系统简单对刀

如图 2.3 所示,把刀具端面中心放在工件上表面的中心 O 处,机床坐标显示为(-237. 856 , -256. 931)。当用 G54 设定工件孔中心 O 点为工件坐标原点时,可在 G54 坐标系里输入"X -237. 856,Y -256. 931"。

2. 华中系统量块对刀(铣刀直径为 10 mm,量块厚度为 10 mm)

如图 2.20 所示,用量块对刀的方法时使刀具到达工件的左侧面,即到达图 2.20 中 1 的位置,机床坐标为"X -292. 856",即点 1 的 X 坐标为 -292. 856。那么当用 G54 设定工件上表面的中心 O 点为工件坐标原点,则要将此时工件上表面的中心 O 点的机床坐标计算出来,输入到 G54 坐标系中,而此时 O 点的 X 坐标为"X = -292. 856 + R(刀具) + 50 + L 量块 = -292. 856 + 5 + 50 + 10 = -227. 856"。(确定 X 坐标)

用量块对刀的方法时使刀具到达工件的上侧面,即到达图中 4 的位置,机床坐标为"Y -201. 931",即点 4 的 Y 坐标为 -201. 931。那么当用 G54 设定工件上表面的中心 O 点为工件坐标原点,则要将此时工件上表面的中心 O 点的机床坐标计算出来,输入到 G54 坐标系中,而此时 O 点的 Y 坐标为"Y = -201. 931 - R(刀具) - 50 - L(量块) = -201. 931 - 5 - 50 - 10 = -266. 931"。(确定 Y 坐标)

八、实训项目(三):用量块对刀和用杠杆百分表对刀

1. 用量块对刀(铣刀直径为 10 mm,量块厚度为 10 mm)

如图 2.20 所示,确定工件中心为工件原点,操作步骤如下。

(1)主轴停止。

(2)选择手动方式,选择 Z 轴方向使主轴上升到安全高度(水平移动时不会与工件及夹具碰撞即可),分别移动 X、Y 轴,使主轴处于工件上方位置(图 2.21 中 A 处)。

(3)选择 X 轴方向,移动工作台(图 2.21 中(1)),使主轴移动到工件外侧(图 2.21 中 B 处);选择 Z 轴方向,移动工作台(图 2.21 中(2)),使主轴下降,刀具到达图 2.21 中 C 处;选择 X 轴方向,移动工作台(图 2.21 中(3)),使刀具靠近量块;刀具快靠近量块侧面时,选择手轮或增量方式,倍率选择 ×10 或 ×1;当量块松紧合适时,刀具即到达图 2.21 中 D 处(即图 2.20 中 1 的位置)。

（4）在主菜单下按［F5］（设置）键，进入设置功能子菜单；再按［F1］（坐标系设定）键，按下相应的［F1］……［F6］键，选择要输入的坐标系 G54……G59。

（5）此时工件中心机床坐标为 – 227.856，在命令行输入"X – 227.856"，按"Enter"键确定。（确定 X 坐标位置）

（6）选择 Z 轴方向，使主轴上升到安全高度，分别移动 X、Y 轴，使主轴处于工件上方位置（图 2.21 中 A 处）。

（7）按步骤（6）的方法使刀具移动到图 2.20 中 3 的位置。

（8）在主菜单下按［F5］（设置）键，进入设置功能子菜单；再按［F1］（坐标系设定）键，按下相应的［F1］……［F6］键，选择要输入的坐标系 G54……G59。

（9）此时工件中心机床坐标为 – 266.931，在命令行输入"Y – 266.931"，按"Enter"键确定。（确定 Y 坐标位置）

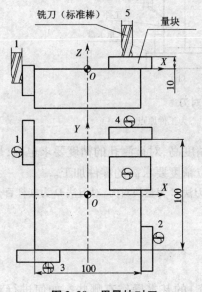

图 2.20 用量块对刀

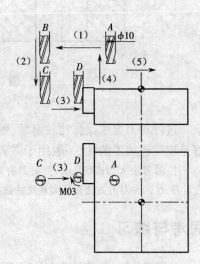

图 2.21 对刀时刀具移动图

注：采用量块对刀，其对刀精度比试切法对刀要高，比寻边器对刀要低；采用量块对刀操作方便，且不会在工件上留下痕迹。

2. 用杠杆百分表对刀

如图 2.22 所示，确定工件孔的中心或圆柱中心为工件原点，操作步骤如下。

（1）主轴停止，将杠杆百分表用磁力表座装在主轴端面上。

（2）在 MDI 下输入"M03 S20"，主轴低速正转。

（3）选择手轮方式（挡位为 ×100），使旋转的杠杆百分表表头按 X、Y、Z 的顺序逐渐靠近孔壁（或圆柱面）。

（4）移动 Z 轴，使表头压住被测面，指针转动约 0.1 mm。

（5）降低手轮挡位至 ×1，移动 X、Y 轴，使表头旋转一周时，如其指针跳动量在允许的对刀误差内（如 0.02 mm），此时主轴的旋转中心便与被测孔的中心重合，其坐标为（ – 237.256，– 256.231）。

（6）在主菜单下按［F5］（设置）键，进入设置功能子菜单；再按［F1］（坐标系设定）键，按下相应的［F1］……［F6］键,选择要输入的坐标系 G54……G59。

（7）在命令行输入"X－237.256",按"Enter"键确定;输入"Y－256.231",按"Enter"键确定。（确定 X、Y 坐标位置）

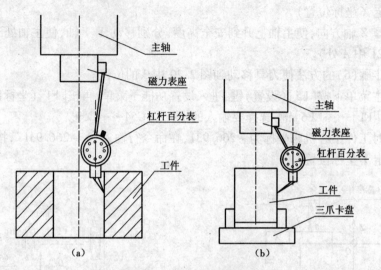

图 2.22　用杠杆百分表对刀

(a)孔的中心为工件原点;(b)圆柱中心为工件原点

这种对刀方法操作比较麻烦、效率较低,但对刀精度高,对被测孔的精度要求也高,最好是铰或镗加工的孔,一般用于需要调头装夹,且定位精度要求高的零件加工。

注:对刀法 A 为试切法对刀,对刀法 B 为寻边器对刀,对刀法 C 为量块对刀,对刀法 D 为杠杆百分表对刀,这四种对刀方法在各类系统的数控铣床上都适用。

思考与练习

1. TK7650A 数控铣床(FANUC 0i Mate－MB 系统)的基本操作有哪些? 如何进行对刀?

2. ZK7640 数控铣床(SIEMENS－802S 系统)的基本操作有哪些? 如何进行对刀?

3. HMDI－21M 数控铣床(华中世纪星系统)的基本操作有哪些? 如何进行对刀?

4. 试切法对刀、寻边器对刀、量块对刀、杠杆百分表对刀等方法的特点是什么? 各有什么优点?

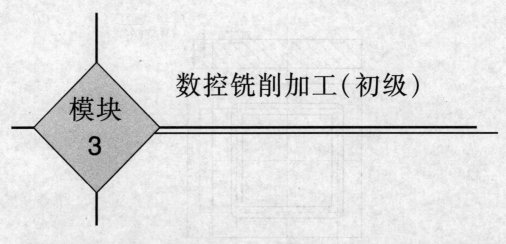

数控铣削加工(初级)

<table>
<tr><td>模块
3</td></tr>
</table>

数控铣削加工(初级)主要介绍数控铣床基本编程指令的运用、数控铣床刀具半径补偿的运用和数控铣床孔加工指令的运用,这是数控铣削初级工必须掌握的知识和技能。

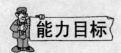

能力目标

能正确应用数控铣床的刀具半径补偿。

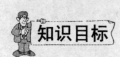

知识目标

掌握数控铣床基本编程指令。
掌握数控铣床孔加工的编程指令。

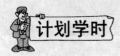

计划学时

24 学时。

项目3.1 数控铣床基本编程指令的运用(一)

一、训练任务(计划学时:4)

加工如图 3.1 所示工件,毛坯为 80 mm × 80 mm × 15 mm 六面已加工的 45 钢,试编写其加工工艺卡和加工程序。

二、能力目标、知识目标

(1)能正确编写零件的加工工艺、确定零件的走刀路径。
(2)掌握 G01、G00 等基本编程指令的运用。

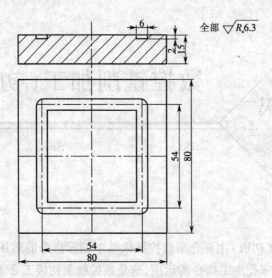

图 3.1 初级训练项目(一)

三、加工准备

(1)选用机床:TK7650A 数控铣床(FANUC 0i Mate – MB 系统)或 ZK7640 数控铣床(SIEMENS – 802S 系统)或 HMDI – 21M 数控铣床(华中世纪星系统)。

(2)选用夹具:精密平口钳。

(3)使用毛坯:80 mm × 80 mm × 15 mm 的 45 钢,六面已加工。

(4)工具、量具、刀具参照备注配备。

四、训练步骤

(1)分析零件(图 3.1)铣削加工起刀点、换刀点、加工切入点及走刀路线。

(2)编写加工工艺。

(3)编写零件加工程序。

(4)输入程序并检验。

(5)加工零件。

五、工艺分析

1. 加工工艺内容

零件只需加工 6 mm 宽、2 mm 深的槽,且零件的精度要求较低,因此可直接用 $\phi6$ mm 键槽铣刀进行加工。

2. 加工工艺卡

本零件加工工艺卡如表 3.1 所示。

表3.1 加工工艺卡

机床:数控铣床					加工数据表		
工序	加工内容	刀具	刀具材料	刀具类型	主轴转速 （r/min）	进给量 （mm/min）	半径补偿
1	加工槽	T01	高速钢	φ6 mm 键槽铣刀	1 200	40	无

3.走刀路径

因采用 φ6 mm 键槽铣刀加工 6 mm 宽、2 mm 深的槽,所以可从槽的右上角直接下刀进行加工。

六、支撑知识

1.基本指令

1）G54:确定工件坐标原点

工件坐标原点设在便于编程的某一固定点上,当加工零件时,只需选择相应的工件坐标系编制加工程序。G54 的值,通过对刀方式输入设定。

2）G00:快速点定位指令

该指令命令刀具以点位控制方式从刀具所在点快速移动到下一个目标位置。

程序格式　G00 X ＿ Y ＿ Z ＿

其中　X、Y、Z——刀具目标位置的坐标值。

注:使用 G00 时,刀具的实际运动路线一般不是直线,而是两条或三条直线段的组合。忽略这一点,就易发生撞刀,在快速状态下碰撞是危险的。

3）G01:直线插补指令

该指令命令刀具按给定的进给速度作直线运动。

程序格式　G01 X ＿ Y ＿ Z ＿ F ＿

其中　X、Y、Z——刀具运动终点坐标值;

　　　F——给定的进给速度。

4）M03、M04、M05

M03、M04、M05 分别为主轴顺时针旋转、主轴逆时针旋转及主轴停止指令。

5）M08:冷却液开

打开冷却液。

6）M09:冷却液关

关闭冷却液。

7）M30:程序结束并返回

在完成程序段的所有指令后,使主轴停转、进给停止和冷却液关闭,将程序指针返回到第一个程序段并停下来,在有工作结束指示灯的机床上,该指示灯点亮。

8）S功能:主轴速度功能

S 代码后的数值为主轴转速,要求为整数,速度范围从 1 到最大的主轴转速。在零件加工之前一定要先启动主轴运转(用 M03 或 M04 指令)。

9)F 功能:进给速度/进给率功能

在只有 X、Y、Z 三坐标运动的情况下,F 代码后面的数值表示刀具的运动速度,单位为 mm/min,在程序启动第一个 G01 或 G02 或 G03 功能时,必须同时启动 F 功能。当前 F 值在下一个新的 F 值之前保持不变。

2. 程序格式

G54 M03 S800	确定工件坐标原点和主轴转速
G00 Z20 M08	快速移到安全高度,打开冷却液
G00 X Y	快速移到加工起点
G00 Z2	快速下刀
G01 Z F	下刀
…	加工工件
…	
G00 Z100 M09	快速抬刀,关闭冷却液
M05	主轴停止
M30	程序结束并返回

七、加工程序

(FANUC 0i Mate – MB 系统、SIEMENS – 802S 系统、华中世纪星系统)

O0001(ABC311)	程序号
G90 G94 G21 G54 M03 S800	程序初始化并建立坐标系和主轴转速
G00 Z50 M08	刀具到安全高度并打开冷却液
X27 Y0	刀具移到加工起点
G01 Z – 2 F40	下刀,进给速度为 40 mm/min
G00 X27 Y27	加工槽
G01 X – 27 Y27	
G01 X – 27 Y – 27	
G01 X27 Y – 27	
G01 X27 Y3	
G00 Z100 M09	抬刀,关闭冷却液
M05	主轴停止
M30	程序结束并返回

八、加工要求及评分标准

初级训练项目（一）的加工要求及评分标准见表 3.2。

表 3.2　初级训练项目（一）评分表

工件编号			3.1				
项目与配分		序号	技术要求	配分	评分标准	检查记录	得分
工件加工 评分(70 分)	槽	1	54(2 处)	20 ×2	超差全扣		
		2	6	10	超差全扣		
		3	2	10	超差全扣		
		4	$R_a6.3\ \mu m$	5	每错一处扣 2 分		
	其他	5	工件无缺陷	5	缺陷一处扣 2 分		
程序与工艺(20 分)		6	加工工艺卡	10	不合理一处扣 2 分		
		7	程序正确合理	10	每错一处扣 2 分		
机床操作(10 分)		8	机床操作规范	5	出错一次扣 2 分		
		9	工件、刀具装夹	5	出错一次扣 2 分		
安全文明生产		10	安全操作	倒扣	安全事故扣 5 ~ 30 分		
		11	机床整理	倒扣			

项目 3.2　数控铣床基本编程指令的运用（二）

一、训练任务（计划学时:4）

加工如图 3.2 所示工件,毛坯为 100 mm × 100 mm × 31 mm 的 45 钢,试编写其加工工艺卡和加工程序。

二、能力目标、知识目标

掌握 G02、G03 等基本编程指令的运用。

三、加工准备

（1）选用机床:TK7650A 数控铣床(FANUC 0i Mate – MB 系统)或 ZK7640 数控铣床(SIEMENS – 802S 系统)或 HMDI – 21M 数控铣床(华中世纪星系统)。

（2）选用夹具:精密平口钳。

（3）使用毛坯:100 mm × 100 mm × 31 mm 的 45 钢,六面已加工。

（4）工具、量具、刀具参照备注配备。

四、训练步骤

（1）分析零件(图 3.2)铣削加工起刀点、换刀点、加工切入点及走刀路线。

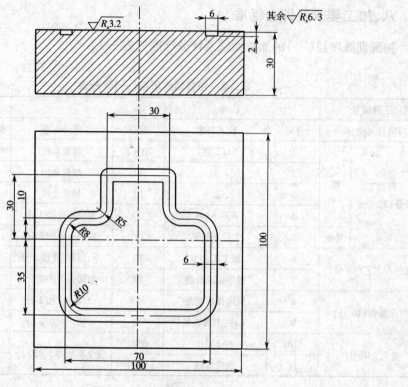

图 3.2　初级训练项目(二)

(2)编写加工工艺。
(3)编写零件加工程序。
(4)输入程序并检验。
(5)加工零件。

五、工艺分析

1.加工工艺内容

零件需加工上平面和一个 6 mm 宽、2 mm 深的槽。槽的精度要求较低,因此可直接用 ϕ6 mm 键槽铣刀进行加工;平面结构要求较高,需采用 ϕ60 mm 面铣刀进行加工。

2.加工工艺卡

本零件加工工艺卡如表 3.3 所示。

表 3.3　加工工艺卡

机床:数控铣床				加工数据表			
工序	加工内容	刀具	刀具材料	刀具类型	主轴转速(r/min)	进给量(mm/min)	半径补偿
1	铣上平面	T01	硬质合金	ϕ60 mm 面铣刀	800	100	无
2	加工槽	T02	高速钢	ϕ6 mm 键槽铣刀	1 200	40	无

3.走刀路径

因采用 ϕ6 mm 键槽铣刀加工 6 mm 宽、2 mm 深的槽,所以可从槽上的一点(15,30)直接下刀进行加工。

六、支撑知识

1.圆弧插补(FANUC 系统、华中系统)

格式　$G17\begin{Bmatrix}G02\ X\_\_\ Y\_\_\\ G03\ X\_\_\ Y\_\_\end{Bmatrix}\begin{Bmatrix}R\_\_\\ I\_\_\ J\_\_\end{Bmatrix}$

$\qquad\ G18\begin{Bmatrix}G02\ X\_\_\ Y\_\_\\ G03\ X\_\_\ Y\_\_\end{Bmatrix}\begin{Bmatrix}R\_\_\\ I\_\_\ K\_\_\end{Bmatrix}$

$\qquad\ G19\begin{Bmatrix}G02\ X\_\_\ Y\_\_\\ G03\ X\_\_\ Y\_\_\end{Bmatrix}\begin{Bmatrix}R\_\_\\ I\_\_\ J\_\_\end{Bmatrix}$

2.圆弧插补(SIEMENS 系统)

格式　$G17\begin{Bmatrix}G02\ X\_\_\ Y\_\_\\ G03\ X\_\_\ Y\_\_\end{Bmatrix}\begin{Bmatrix}CR\_\_\\ I\_\_\ J\_\_\end{Bmatrix}$

$\qquad\ G18\begin{Bmatrix}G02\ X\_\_\ Y\_\_\\ G03\ X\_\_\ Y\_\_\end{Bmatrix}\begin{Bmatrix}CR\_\_\\ I\_\_\ K\_\_\end{Bmatrix}$

$\qquad\ G19\begin{Bmatrix}G02\ X\_\_\ Y\_\_\\ G03\ X\_\_\ Y\_\_\end{Bmatrix}\begin{Bmatrix}CR\_\_\\ I\_\_\ J\_\_\end{Bmatrix}$

说明:

(1)X、Y、Z 是圆弧终点坐标;

(2)I、J、K 是圆弧圆心在 X、Y、Z 轴上的增量坐标,即圆心坐标减圆弧起点坐标;

(3)G02、G03 是模态指令,G02 为顺时针圆弧插补指令,G03 是逆时针圆弧插补指令;

(4)R(或 CR)是圆弧半径,用 R(或 CR)编程只适用于非整圆情况,小于等于半圆时 R(或 CR)值为正,大于半圆时 R(或 CR)值为负;

(5)刀具相对于工件在指定的坐标平面内,以一定的进给速度从起点向终点进行圆弧插补运动。

七、加工程序

1.铣上平面(FANUC 0i Mate – MB 系统、SIEMENS – 802S 系统、华中世纪星系统)

O0321(ABC321)	主程序
G54 M03 S800	以工件中心上平面为程序原点,设定主轴转速
G00 Z20 M08	快速移到安全高度,打开冷却液
G00 X80 Y – 25	快速移到加工起点
G00 Z2	快速下刀
G01 Z0 F100	加工工件
G01 X – 70	

G01 Y25

G01 X80

G00 Z100 M09　　　　　　　　快速抬刀,关闭冷却液

M05　　　　　　　　　　　　　主轴停止

M30　　　　　　　　　　　　　程序结束并返回

2. 加工 6 mm 宽、2 mm 深槽(FANUC 0i Mate – MB 系统、华中世纪星系统)

O0322　　　　　　　　　　　　主程序

G54 M03 S1200　　　　　　　　以工件中心上平面为程序原点,设定主轴转速

G00 Z20 M08　　　　　　　　　快速移到安全高度,打开冷却液

G00 X15 Y30　　　　　　　　　快速移到加工起点

G00 Z2　　　　　　　　　　　快速下刀

G01 Z – 2 F40　　　　　　　　加工工件

G01 Y15

G03 X20 Y10 R5

G01 X27

G02 X35 Y2 R8

G01 Y – 25

G02 X25 Y – 35 R10

G01 X – 25

G02 X – 35 Y – 25 R10

G01 Y2

G02 X – 27 Y10 R8

G01 X – 20

G03 X – 15 Y15 R5

G01 X15

G00 Z100 M09　　　　　　　　快速抬刀,关闭冷却液

M05　　　　　　　　　　　　　主轴停止

M30　　　　　　　　　　　　　程序结束并返回

3. 加工 6 mm 宽、2 mm 深槽(SIEMENS – 802S 系统)

ABC322　　　　　　　　　　　主程序

G54 M03 S1200　　　　　　　　以工件上平面中心为程序原点,设定主轴转速

G00 Z20 M08　　　　　　　　　快速移到安全高度,打开冷却液

G00 X15 Y30　　　　　　　　　快速移到加工起点

G00 Z2　　　　　　　　　　　快速下刀

G01 Z – 2 F40　　　　　　　　加工工件

G01 Y15

G03 X20 Y10 CR = 5

G01 X27

G02 X35 Y2 CR = 8

G01 Y – 25

G02 X25 Y – 35 CR = 10

G01 X – 25

G02 X – 35 Y – 25 CR = 10

G01 Y2

G02 X – 27 Y10 CR = 8

G01 X – 20

G03 X – 15 Y15 CR = 5

G01 X15

G00 Z100 M09　　　　　　　快速抬刀,关闭冷却液

M05　　　　　　　　　　　　主轴停止

M30　　　　　　　　　　　　程序结束并返回

八、加工要求及评分标准

初级训练项目(二)的加工要求及评分标准见表3.4。

表3.4　初级训练项目(二)评分表

工件编号			3.2				
项目与配分		序号	技术要求	配分	评分标准	检查记录	得分
工件加工评分(70分)	上平面	1	R_a3.2 μm	10	超差全扣		
	内轮廓及孔	2	30、70	10	每错一处扣5分		
		3	$R5$、$R8$、$R10$	15	每错一处扣5分		
		4	30、10、35	15	每错一处扣5分		
		5	6	5	超差全扣		
		6	2	5	超差全扣		
		7	R_a6.3 μm	5	超差全扣		
	其他	8	工件无缺陷	5	缺陷一处扣2分		
程序与工艺(20分)		9	加工工艺卡	10	不合理一处扣2分		
		10	程序正确合理	10	每错一处扣2分		
机床操作(10分)		11	机床操作规范	5	出错一次扣2分		
		12	工件、刀具装夹	5	出错一次扣2分		
安全文明生产		13	安全操作	倒扣	安全事故扣5~30分		
		14	机床整理	倒扣			

项目3.3 数控铣床刀具半径补偿的运用(一)

一、训练任务(计划学时:4)

加工如图 3.3 所示工件,毛坯为 100 mm × 100 mm × 11 mm 六面已加工的 45 钢,试编写其加工工艺卡和加工程序。

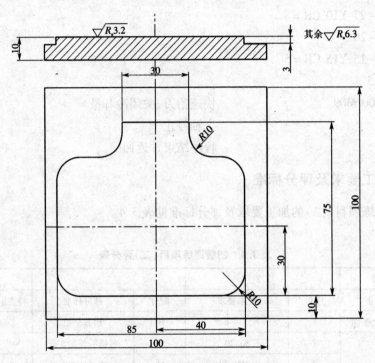

图 3.3 初级训练项目(三)

二、能力目标、知识目标

掌握刀具半径补偿指令的运用,能运用刀具半径补偿加工外轮廓。

三、加工准备

(1)选用机床:TK7650A 数控铣床(FANUC 0i Mate – MB 系统)或 ZK7640 数控铣床(SIEMENS – 802S 系统)或 HMDI – 21M 数控铣床(华中世纪星系统)。

(2)选用夹具:精密平口钳。

(3)使用毛坯:100 mm × 100 mm × 11 mm 的 45 钢,六面已加工。

(4)工具、量具、刀具参照备注配备。

四、训练步骤

(1)分析零件(图 3.3)铣削加工起刀点、换刀点、加工切入点及走刀路线。

　(2)编写加工工艺。

　(3)编写零件加工程序。

　(4)输入程序并检验。

　(5)加工零件。

五、工艺分析

1.加工工艺内容

零件需加工上平面和 3 mm 高的外轮廓,外轮廓的尺寸精度要求不高,内圆弧圆角半径为 10 mm,因此可选用 $\phi16$ mm 立铣刀进行加工,从工件外进刀;平面结构要求较高,需采用 $\phi60$ mm 面铣刀进行加工。

2.加工工艺卡

本零件加工工艺卡如表 3.5 所示。

表 3.5　加工工艺卡

机床:数控铣床			加工数据表				
工序	加工内容	刀具	刀具材料	刀具类型	主轴转速(r/min)	进给量(mm/min)	半径补偿(mm)
1	铣上平面	T01	硬质合金	$\phi60$ mm 面铣刀	800	100	无
2	加工外轮廓	T02	高速钢	$\phi16$ mm 立铣刀	500	100	8

3.走刀路径

采用 $\phi16$ mm 立铣刀加工 3 mm 高的外轮廓,因为刀具建立刀补后,在工件外直接下刀,然后沿切线切入加工外轮廓,所以补偿点可定在(60,-30),为了编程方便可把加工起点定在(60,-60)。

六、支撑知识

在数控铣床进行轮廓加工时,因铣刀有一定的半径,刀具中心(刀心)轨迹和工件轮廓不重合(图 3.4)。如不考虑刀具半径,直接按照工件轮廓编程是比较方便的,而加工出的零件尺寸比图样要求小了一圈(外轮廓加工时)或大了一圈(内轮廓加工时),为此必须使刀具沿工件轮廓的法向偏移一个刀具半径,这就是所谓的刀具半径补偿。

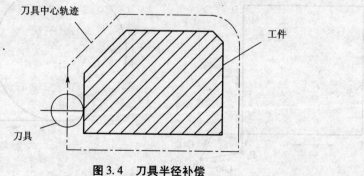

图 3.4　刀具半径补偿

1. 刀具半径补偿指令——G40、G41、G42

格式　G17　G41(G42)　　G01(G0)X ___ Y ___ D ___
　　　　　　　　　　　　G40 G01(G0)X ___ Y ___
　　　　　G18　G41(G42)　　G01(G0)X ___ Z ___ D ___
　　　　　　　　　　　　G40 G01 (G0) X ___ Z ___
　　　　　G19　G41(G42)　　G01 (G0) X ___ Z ___ D ___
　　　　　　　　　　　　G40 G01 (G0) Y ___ Z ___

说明:G41、G42、G40 是模态指令,默认状态为 G40,G40 必须与 G41 或 G42 成对使用。

(1)G41:左偏刀具半径补偿,是指沿着刀具运动方向向前看(假设工件不动),刀具位于工件左侧的刀具半径补偿(此时相当于顺铣),如图 3.5(a)所示。

(2)G42:右偏刀具半径补偿,是指沿着刀具运动方向向前看(假设工件不动),刀具位于工件右侧的刀具半径补偿(此时相当于逆铣),如图 3.5(b)所示。

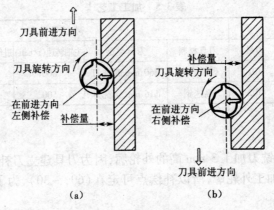

图 3.5　刀具补偿方向

(a)G41;(b)G42

(3)G40:刀具半径补偿取消,使用该指令后,G41 和 G42 指令无效。

2. 刀具半径补偿的过程

刀具半径补偿的过程分为如下四步(图 3.6 和图 3.7)。

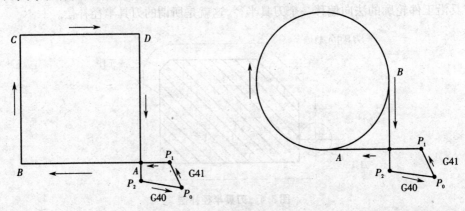

图 3.6　外轮廓加工建立和取消刀补过程

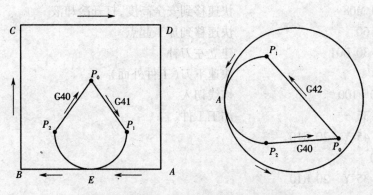

图3.7 内轮廓加工建立和取消刀补过程

(1)刀补的建立:刀具从起刀点 P_0 过渡到补偿点 P_1 建立刀补。

(2)刀具切入:刀具从补偿点 P_1 切入到工件起点 A,采用切线切入或圆弧切入。

(3)刀补进行:执行 G42,G41 指令后,刀具中心始终与编程轨迹偏离一个偏置量加工工件。

(4)刀补取消:加工完毕,刀具离开工件后,执行 G40 指令取消刀补。

3.注意

(1)从无刀具补偿的状态进入刀具补偿的过程中,须使用 G0 或 G01 指令,不能使用 G02 或 G03 指令;刀具补偿撤销时,也要使用 G0 或 G01 指令。

(2)程序段必须有刀补号 D,D 为刀具半径补偿寄存器的地址字,在所对应的刀具半径补偿号的寄存器中存有刀具半径的补偿值。

(3)在数控机床上,在不考虑丝杆间隙影响的前提下,从刀具寿命、加工精度、表面质量来看,一般顺铣效果较好,因而 G41 使用较多。

(4)加工过程中走刀轨迹不能出现小于180°的内轮廓角和小于刀补半径的圆角。

(5)刀具补偿建立与撤销轨迹的长度距离必须大于刀具半径补偿值。

(6)刀补建立后,采用切线或圆弧切入加工工件。

4.刀具半径的应用

刀具半径补偿在数控铣床上的应用相当广泛,主要有以下几个方面:

(1)避免计算刀心轨迹,直接用零件轮廓尺寸编程;

(2)刀具因磨损、重磨、换新刀而引起半径改变后,不必修改程序;

(3)用同一程序、同一尺寸的刀具,利用刀具补偿值,可进行粗精加工;

(4)利用刀具补偿值控制工件轮廓尺寸精度。

七、加工程序

1.加工上平面(FANUC 0i Mate-MB 系统、SIEMENS-802S 系统、华中世纪星系统)

O0331(ABC331)与程序 O0321(ABC321)相同。

2.加工外轮廓(FANUC-0i Mate-MB 系统、华中世纪星系统)

O0332   主程序

G54 M03 S500   以工件上平面中心为程序原点并设定主轴转速

G00 Z20 M08	快速移到安全高度,打开冷却液
X60 Y – 60	快速移到加工起点
G41 Y – 30 D01	建立左刀补
Z – 3	快速下刀(工件外面)
G01 X30 F100	切线切入
G01 X – 35	加工工件
G02 X – 45 Y – 20 R10	
G01 Y20	
G02 X – 35 Y – 20 R10	
G01 X – 25	
G03 X – 15 Y30 R10	
G01 Y45	
X15	
Y40	
G03 X25 Y30 R10	
G01 X30	
G02 X40 Y20 R10	
Y – 20	
G02 X30 Y – 30 R10	
G01 X10	
G00 Z100 M09	快速抬刀,关闭冷却液
G40 X60 Y – 60	取消刀补
M05	主轴停止
M30	程序结束并返回

3. 加工外轮廓(SIEMENS – 802S 系统)

ABC332	主程序
G54 M03 S500 T2	以工件上平面中心为程序原点并设定主轴转速,选择 2 号刀
G00 Z20 M08	快速移到安全高度,打开冷却液
X60 Y – 60	快速移到加工起点
G41 Y – 30 D01	建立左刀补
Z – 3	快速下刀(工件外面)
G01 X30 F100	切线切入
G01 X – 35	加工工件
G02 X – 45 Y – 20 CR = 10	
G01 Y20	
G02 X – 35 Y – 20 CR = 10	
G01 X – 25	
G03 X – 15 Y30 CR = 10	

```
G01  Y45
     X15
     Y40
G03  X25 Y30 CR = 10
G01  X30
G02  X40 Y20 CR = 10
     Y − 20
G02  X30 Y − 30 CR = 10
G01  X10
G00  Z100 M09        快速抬刀,关闭冷却液
G40  X60 Y − 60      取消刀补
M05                  主轴停止
M30                  程序结束并返回
```

八、加工要求及评分标准

初级训练项目(三)的加工要求及评分标准见表3.6。

表3.6 初级训练项目(三)评分表

工件编号		3.3					
项目与配分		序号	技术要求	配分	评分标准	检查记录	得分
工件加工评分 (70分)	上平面	1	R_a3.2 μm	10	超差全扣		
	外轮廓	2	30、85	10	每错一处扣5分		
		3	R10	10	每错一处扣5分		
		4	30、75	15	每错一处扣5分		
		5	40、10、10	10	每错一处扣3分		
		6	3	5	超差全扣		
		7	R_a6.3 μm	5	超差全扣		
	其他	8	工件无缺陷	5	缺陷一处扣2分		
程序与工艺(20分)		9	加工工艺卡	10	不合理一处扣2分		
		10	程序正确合理	10	每错一处扣2分		
机床操作(10分)		11	机床操作规范	5	出错一次扣2分		
		12	工件、刀具装夹	5	出错一次扣2分		
安全文明生产		13	安全操作	倒扣	安全事故扣5~30分		
		14	机床整理	倒扣			

项目3.4 数控铣床刀具半径补偿的应用(二)

一、训练任务(计划学时:4)

加工如图3.8所示工件,毛坯为100 mm×100 mm×21 mm 六面已加工的45 钢,试编写其加工工艺卡和加工程序。

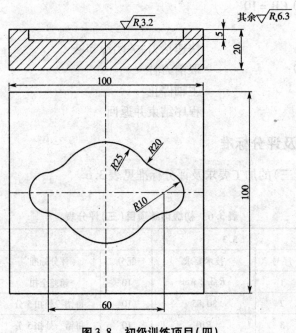

图3.8 初级训练项目(四)

二、能力目标、知识目标

掌握刀具半径补偿指令的运用,能运用刀具半径补偿加工内轮廓。

三、加工准备

(1)选用机床:TK7650A 数控铣床(FANUC 0i Mate – MB 系统)或 ZK7640 数控铣床(SIEMENS – 802S 系统) 或 HMDI –21M 数控铣床(华中世纪星系统)。

(2)选用夹具:精密平口钳。

(3)使用毛坯:100 mm×100 mm×21 mm 的 45 钢,六面已加工。

(4)工具、量具、刀具参照备注配备。

四、训练步骤

(1)分析零件(图3.8)铣削加工起刀点、换刀点、加工切入点及走刀路线。

(2)编写加工工艺。

(3)编写零件加工程序。

(4)输入程序并检验。

(5)加工零件。

五、工艺分析

1.加工工艺内容

零件需加工上平面和 5 mm 深的内轮廓,内圆弧最小圆角半径为 10 mm,因此可选用 ϕ16 mm 立铣刀进行加工;平面结构要求较高,需采用 ϕ60 mm 面铣刀进行加工。

2.加工工艺卡

本零件加工工艺卡如表3.7所示。

表3.7 加工工艺卡

机床:数控铣床			加工数据表				
工序	加工内容	刀具	刀具材料	刀具类型	主轴转速(r/min)	进给量(mm/min)	半径补偿(mm)
1	铣上平面	T01	硬质合金	ϕ60 mm 面铣刀	800	100	无
2	加工内轮廓	T02	高速钢	ϕ16 mm 立铣刀	500	100	8

3.走刀路径

采用 ϕ16 mm 立铣刀加工 5 mm 深的内轮廓,工件没有预钻孔,所以刀具建立刀补后,不能在工件上直接下刀,要采用螺旋下刀和圆弧切入,所以补偿点可定在(0,-5),为了编程方便可把加工起点定在(20,-5)。

4.基点计算

利用 CAD 软件分析出基点 A、B 坐标,如图3.9所示,其余基点坐标与图中各点对称。

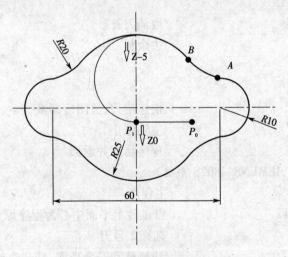

图3.9 初级训练项目(四)基点坐标

$A(31.25,9.92)$;$B(18.75,16.52)$

六、加工程序

1. 加工上平面（FANUC 0i Mate – MB 系统、SIEMENS – 802S 系统、华中世纪星系统）

O0341（ABC341）与程序 O0321（ABC321）相同。

2. 加工内轮廓（FANUC 0i Mate – MB 系统、华中世纪星系统）

O0342	主程序
G54 M03 S500	以工件上平面中心为程序原点并设定主轴转速
G00 Z20 M08	快速移到安全高度,打开冷却液
X20 Y – 5	快速移到加工起点
G42 X0 D01	建立右刀补
G00 Z5	快速下刀
G01 Z0 F100	下刀
G02 X0 Y25 Z – 5 R15 F60	螺旋下刀
G02 X18.75,Y16.52 R25 F100	圆弧切入
G03 X31.25,Y9.92 R20	加工工件
G02 X31.25 Y – 9.92 R10	
G03 X18.75 Y – 16.52 R20	
G02 X – 18.75 Y – 16.52 R25	
G03 X – 31.25 Y – 9.92 R20	
G02 X – 31.25 Y9.92 R10	
G03 X – 18.75 Y16.52 R20	
G02 X0 Y25 R25	
G02 X0 Y – 5 R15	
G40 G01 X – 15	取消刀补
X15	去余料
Y5	
X – 15	
G00 Z100 M09	快速抬刀,关闭冷却液
M05	主轴停止
M30	程序结束并返回

3. 加工内轮廓（SIEMENS – 802S 系统）

ABC342	主程序
G54 M03 S500 T2	以工件上平面中心为程序原点并设定主轴转速,选择 2 号刀
G00 Z20 M08	快速移到安全高度,打开冷却液
X20 Y – 5	快速移到加工起点
G42 X0 D01	建立右刀补
G00 Z5	快速下刀
G01 Z0 F100	下刀

G02 X0 Y25 Z – 5 R15 F60	螺旋下刀
G02 X18. 75 ,Y16. 52 CR = 25 F100	圆弧切入
G03 X31. 25 ,Y9. 92 CR = 20	加工工件
G02 X31. 25 Y – 9. 92 CR = 10	
G03 X18. 75 Y – 16. 52 CR = 20	
G02 X – 18. 75 Y – 16. 52 CR = 25	
G03 X – 31. 25 Y – 9. 92 CR = 20	
G02 X – 31. 25 Y9. 92 CR = 10	
G03 X – 18. 75 Y16. 52 CR = 20	
G02 X0 Y25 CR = 25	
G02 X0 Y – 5 CR = 15	
G40 G01 X – 15	取消刀补
X15	去余料
Y5	
X – 15	
G00 Z100 M09	快速抬刀,关闭冷却液
M05	主轴停止
M30	程序结束并返回

七、加工要求及评分标准

初级训练项目(四)的加工要求及评分标准见表3.8。

表3.8 初级训练项目(四)评分表

工件编号			3.8				
项目与配分		序号	技术要求	配分	评分标准	检查记录	得分
工件加工 评分(70分)	上平面	1	R_a3. 2 μm	10	超差全扣		
	内轮廓 及厚度	2	60	10	每错一处扣5分		
		3	$R10$、$R25$、$R20$	20	每错一处扣5分		
		4	5、20	15	每错一处扣5分		
		5	R_a6. 3 μm	10	超差全扣		
	其他	6	工件无缺陷	5	缺陷一处扣2分		
程序与工艺(20分)		7	加工工艺卡	10	不合理一处扣2分		
		8	程序正确合理	10	每错一处扣2分		
机床操作(10分)		9	机床操作规范	5	出错一次扣2分		
		10	工件、刀具装夹	5	出错一次扣2分		
安全文明生产		11	安全操作	倒扣	安全事故扣5~30分		
		12	机床整理	倒扣			

项目3.5 数控铣床孔加工指令的运用

一、训练任务(计划学时:4)

加工如图3.10所示工件,毛坯为100 mm×100 mm×15 mm的45钢,试编写其加工工艺卡和加工程序。

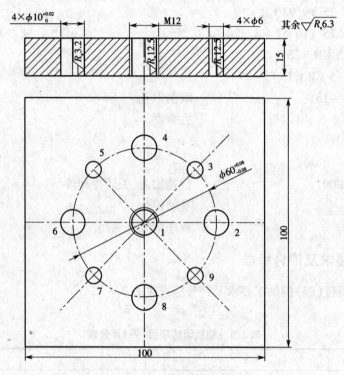

图3.10 初级训练项目(五)

二、能力目标、知识目标

掌握孔的加工指令的功能、格式、使用及注意事项,能运用加工指令加工孔。

三、加工准备

(1)选用机床:TK7650A数控铣床(FANUC 0i Mate – MB系统)或ZK7640数控铣床(SIEMENS – 802S系统)或HMDI – 21M数控铣床(华中世纪星系统)。

(2)选用夹具:精密平口钳。

(3)使用毛坯:100 mm×100 mm×15 mm的45钢,六面已加工。

(4)工具、量具、刀具参照备注配备。

四、训练步骤

(1)分析零件图(图3.10)。

（2）确定加工工艺。

（3）编写零件加工程序。

（4）输入程序并检验。

（5）加工零件。

五、工艺分析

1.加工工艺内容

零件需加工 4 个 $\phi6$ mm 孔、4 个 $\phi10_0^{+0.02}$ mm 的销孔和 1 个 M12 mm 的螺孔,孔与孔的位置度要求较高,需采用中心钻定位。$\phi6$ mm 的孔可采用 $\phi6$ mm 钻花直接加工;销孔先采用 $\phi6$ mm 钻花钻出 $\phi6$ mm 的孔,再采用 $\phi9.8$ mm 的钻花扩 $\phi9.8$ mm 的孔,最后用 $\phi10$ mm 的铰刀铰孔;螺孔先采用 $\phi10.8$ mm 的钻花钻孔,然后用 M12 mm 的丝攻加工螺孔。

2.加工工艺卡

本零件加工工艺卡如表 3.9 所示。

表 3.9　加工工艺卡

机床:数控铣床			加工数据表				
工序	加工内容	刀具	刀具材料	刀具类型	主轴转速(r/min)	进给量(mm/min)	半径补偿
1	钻中心孔	T01	高速钢	$\phi3$ mm 中心钻	1 200	120	无
2	钻 $\phi6$ mm 孔	T02	高速钢	$\phi6$ mm 钻花	800	20	无
3	扩 $\phi9.8$ mm 孔	T03	高速钢	$\phi9.8$ mm 钻花	600	100	无
4	铰 $\phi10_0^{+0.02}$ mm 孔	T04	高速钢	$\phi10$ mm 铰刀	300	50	无
5	钻 $\phi10.8$ mm 孔	T05	高速钢	$\phi10.8$ mm 钻花	580	80	无
6	攻 M12 mm 螺孔	T06	高速钢	M12 mm 丝攻	100	175	无

3.基点计算

根据计算得出右上角 $\phi6$ mm 孔的坐标为(21.21,21.21),其余点坐标与其对称。

六、支撑知识

钻孔循环指令如图 3.11 所示。

1.FANUC 0i Mate - MB 系统和华中世纪星系统孔加工固定循环指令

1）G81 X __ Y __ Z __ R __ F __ ——普通钻削循环

其中　X __ Y __——孔的坐标位置;

　　　Z __——从 R 点到孔底的距离;

　　　R __——从初始位置到 R 点位置的距离;

　　　F __——切削进给速度;

　　　K __——重复次数(如果需要的话)。

说明:G81 是最简单的固定循环,它的执行过程为 X、Y 定位,Z 轴快进到 R 点,以 F

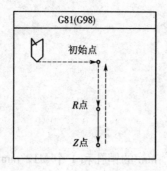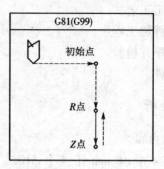

图 3.11　钻孔循环

速度进给到 Z 点,快速返回初始点(G98)或 R 点(G99),没有孔底动作。

2)G82 X __ Y __ Z __ R __ P __ F __——钻削循环、粗镗削循环

其中　X __ Y __——孔的坐标位置;

　　　　Z __——从 R 点到孔底的距离;

　　　　R __——从初始位置到 R 点位置的距离;

　　　　P __——孔底暂停时间;

　　　　F __——切削进给速度。

说明:P 为在孔底位置的暂停时间,单位为 ms(毫秒),常用于做沉头台阶孔。

3)G83 X __ Y __ Z __ R __ Q __ F __——深孔钻削循环

其中　X __ Y __——孔的坐标位置;

　　　　Z __——从 R 点到孔底的距离;

　　　　R __——从初始位置到 R 点位置的距离;

　　　　Q __——每次进给的切削深度(FANUC 0i Mate - MB 系统中为正值,华中世纪星系统中为负值);

　　　　F __——切削进给速度。

说明:G83 从 R 点到 Z 点的进给分段完成,每段进给的距离由孔加工参数 Q 给定,Q 始终为正值。

4)G84 X __ Y __ Z __ R __ F __——攻螺纹循环

其中　X __ Y __——孔的坐标位置;

　　　　Z __——从 R 点到孔底的距离;

　　　　R __——从初始位置到 R 点位置的距离;

　　　　F __——切削进给速度。

说明:与钻孔加工不同的是攻螺纹结束后的返回过程不是快速运动,而是以进给速度反转退出;主轴转速与进给速度成严格的比例关系。

5)G85 X __ Y __ Z __ R __ F __——镗削循环

其中　X __ Y __——孔的坐标位置;

　　　　Z __——从 R 点到孔底的距离;

　　　　R __——从初始位置到 R 点位置的距离;

　　　　F __——切削进给速度。

6)G80——取消固定循环

2. SIEMENS – 802S 系统孔加工固定循环指令

1)LCYC82——钻削、沉孔加工

刀具以编程的主轴速度和进给速度钻孔,直至到达给定的最终钻削深度,在到达最终钻削深度后可以停留一段时间,退刀时以快速移动速度进行。

参数:

R101——退回平面确定了循环结束之后钻削轴的位置;

R102——安全距离只对参考平面而言,由于有安全距离,刀具可以快速定位到离参考平面一个安全距离的位置;

R103——参数 R103 所确定的参考平面就是图纸中所标明的钻削起始点;

R104——确定钻削深度,它取决于工件零点;

R105——在参数 R105 之下编程,最终深度处(断屑)的停留时间(s)。

循环的时序过程:

(1)用 G00 回到被提前了一个安全距离量的参考平面处;

(2)按照调用程序中编程的进给率以 G01 进行钻削,直至最终钻削深度;

(3)执行此深度停留时间;

(4)以 G00 退刀,回到初始点平面。

2)LCYC83——深孔钻削

深孔钻削循环加工中心孔,通过分步钻入达到最后的钻深,钻深的最大值应事先规定。钻削既可以在每步到钻深后,提出钻头到参考平面以达到排屑目的,也可以每次上提 1 mm 以便断屑。

参数:

R101 ~ R105——含义与 LCYC82 相同;

R107——第一次钻深的进给率;

R108——其后钻削的进给率;

R109——在参数 R109 之下,可以编程几秒钟的起始点停留时间;

R110——第一次钻削行程的深度;

R111——确定递减量的大小;

R127——值 0 表示钻头在到达每次钻削深度后上提 1 mm 空转用于断屑,值 1 表示每次钻深后钻头返回到安全距离之前的参考平面以便排屑。

3)LCYC84——不带补偿夹具螺纹切削

刀具以编程的主轴转速和方向钻削,直至给定的螺纹深度。与 LCYC840 相比,此循环运行更快和更精确。尽管如此,加工时仍应使用补偿夹具。钻削轴的进给率由主轴转速导出。在循环中旋转方向自动转换,退刀时可以以另一个速度进行。主轴必须是位置控制主轴(带实际值编码器)时才可以应用此循环。循环在运行时本身并不检查主轴是否具有实际值编码器。

参数:

R101 ~ R105——含义与 LCYC82 相同;

R106——螺纹导程值,正号表示右转(同 M03),负号表示左转(同 M04);

R112——攻丝时主轴速度；

R113——退刀时主轴速度。

4）LCYC840——带补偿夹具螺纹切削

刀具按照编程的主轴转速和方向加工螺纹，钻削轴的进给率可以从主轴转速计算出来。该循环可以用于带补偿夹具和主轴实际值编码器的内螺纹切削。循环中可以自动转换旋转方向。主轴转速可以调节，并带位移测量系统。但循环本身不检查主轴是否带实际值编码器。

参数：

R101～R105——含义与LCYC82相同；

R106——螺纹导程值，正号表示右转（同M03），负号表示左转（同M04）；

R126——规定主轴旋转方向，在循环中旋转方向会自动转换，3（M03）或4（M04）。

5）LCYC85——镗孔

刀具以给定的主轴速度和进给速度钻削，直至最终钻削深度。如果到达最终深度，可以编程一个停留时间。进刀及退刀运行分别按照相应参数下编程的进给率进行。

参数：

R101～R105——含义与LCYC82相同；

R107——确定钻削时的进给率大小；

R108——确定退刀时的进给率大小。

6）LCYC60——线性孔排列钻削

用此循环指令加工线性排列的孔或螺孔，孔或螺孔的类型由参考数确定。

参数：

R101～R105——含义与LCYC82相同；

R115——选择待加工的钻孔或攻丝所需调用的钻孔循环号或攻丝循环号；

R116——参考点横坐标；

R117——参考点纵坐标；

R118——确定第一个钻孔到参考点的距离；

R119——确定孔的个数；

R120——确定直线与横坐标之间的角度；

R121——确定两个孔之间的距离。

7）LCYC61——圆弧孔排列钻削

用此循环指令可以加工圆弧状排列的孔和螺孔，孔或螺孔的类型由参考数确定。

参数：

R101～R105——含义与LCYC82相同；

R115——选择待加工的孔或攻丝所需调用的钻孔循环号或攻丝循环号；

R116——圆弧圆心横坐标；

R117——圆弧圆心纵坐标；

R118——圆弧半径；

R119——孔数；

R120——起始角；

R121——角增量。

8)LCYC75——凹槽、平面的铣削

用此循环指令可以加工矩形凹槽、圆形凹槽、键槽和平面。

参数:

R101~R103——含义与LCYC82相同;

R104——凹槽深度(绝对值);

R116——凹槽圆心横坐标;

R117——凹槽圆心纵坐标;

R118——凹槽长度;

R119——凹槽宽度;

R120——拐角半径;

R121——最大进刀深度;

R122——深度进刀进给率;

R123——表面加工进给率;

R124——表面加工精加工余量;

R125——深度加工精加工余量;

R126——铣削方向,2(G02)或3(G03);

R127——铣削类型,1为粗加工,2为精加工。

七、加工程序

1. FANUC 0i Mate – MB 系统、华中世纪星系统的程序

O0351	主程序(钻中心孔)
G54 M03 S1200	以工件上平面中心为程序原点并设定主轴转速
G00 Z20 M08	快速移到安全高度,打开冷却液
G81 X0 Y0 Z – 3 R3 F120	调用钻孔循环指令,钻中心孔1
X30	钻中心孔2
X21.21 Y21.21	钻中心孔3
X0 Y30	钻中心孔4
X – 21.21 Y21.21	钻中心孔5
X – 30 Y0	钻中心孔6
X – 21.21,Y – 21.21	钻中心孔7
X0 Y – 30	钻中心孔8
X21.21 Y – 21.21	钻中心孔9
G80	取消钻孔
G00 Z100 M09	快速抬刀,关闭冷却液
M05	主轴停止
M30	程序结束并返回
O0352	主程序(钻 φ6 mm 孔)
G54 M03 S800	以工件上平面中心为程序原点并设定主轴转速

G00 Z20 M08	快速移到安全高度,打开冷却液
G83 X30 Y0 Z−18 R3 Q5 F20	调用深孔钻削循环指令,钻 $\phi6$ mm 孔 2
G83 X30 Y0 Z−18 R3 Q−5 F20	调用深孔钻削循环指令,钻 $\phi6$ mm 孔 2
	(华中世纪星系统)
X21.21 Y21.21	钻 $\phi6$ mm 孔 3
X0 Y30	钻 $\phi6$ mm 孔 4
X−21.21 Y21.21	钻 $\phi6$ mm 孔 5
X−30 Y0	钻 $\phi6$ mm 孔 6
X−21.21, Y−21.21	钻 $\phi6$ mm 孔 7
X0 Y−30	钻 $\phi6$ mm 孔 8
X21.21 Y−21.21	钻 $\phi6$ mm 孔 9
G80	取消钻孔
G00 Z100 M09	快速抬刀,关闭冷却液
M05	主轴停止
M30	程序结束并返回
O0353	主程序(扩 $\phi9.8$ mm 孔)
G54 M03 S600	以工件上平面中心为程序原点并设定主轴转速
G00 Z20 M08	快速移到安全高度,打开冷却液
G81 X30 Y0 Z−18 R3 F100	调用钻孔循环指令,扩 $\phi9.8$ mm 孔 2
X0 Y30	扩 $\phi9.8$ mm 孔 4
X−30 Y0	扩 $\phi9.8$ mm 孔 6
X0 Y−30	扩 $\phi9.8$ mm 孔 8
G80	取消钻孔
G00 Z100 M09	快速抬刀,关闭冷却液
M05	主轴停止
M30	程序结束并返回
O0354	主程序(铰 $\phi10_0^{+0.02}$ mm 孔)
G54 M03 S300	以工件上平面中心为程序原点并设定主轴转速
G00 Z20 M08	快速移到安全高度,打开冷却液
G81 X30 Y0 Z−18 R3 F50	调用钻孔循环指令,铰 $\phi10_0^{+0.02}$ mm 孔 2
X0 Y30	铰 $\phi10_0^{+0.02}$ mm 孔 4
X−30 Y0	铰 $\phi10_0^{+0.02}$ mm 孔 6
X0 Y−30	铰 $\phi10_0^{+0.02}$ mm 孔 8
G80	取消铰孔
G00 Z100 M09	快速抬刀,关闭冷却液
M05	主轴停止
M30	程序结束并返回
O0355	主程序(扩 $\phi10.8$ mm 孔)
G54 M03 S580	以工件上平面中心为程序原点并设定主轴转速

G00 Z20 M08	快速移到安全高度,打开冷却液
G83 X0 Y0 Z－18 R3 Q5 F80	调用深孔钻削循环指令,扩 φ10.8 mm 孔 1
G83 X0 Y0 Z－18 R3 Q－5 F80	调用深孔钻削循环指令,钻 φ10.8 mm 孔 1
	(华中世纪星系统)
G80	取消扩孔
G00 Z100 M09	快速抬刀,关闭冷却液
M05	主轴停止
M30	程序结束并返回
O0356	主程序(攻 M12 mm 螺孔)
G54 M03 S100	以工件上平面中心为程序原点并设定主轴转速
G00 Z20 M08	快速移到安全高度,打开冷却液
G84 X0 Y0 Z－18 R3 F175	调用攻螺纹循环指令,攻 M12 mm 螺孔 1
G80	取消攻丝
G00 Z100 M09	快速抬刀,关闭冷却液
M05	主轴停止
M30	程序结束并返回

2. SIEMENS－802S 系统的程序

ABC351	主程序(钻中心孔)
G54 M03 S1200　F120	以工件上平面中心为程序原点,设定主轴转速和进给速度
G00 Z20 M08	快速移到安全高度,打开冷却液
G00 X0 Y0	快速移到孔 1 位置
R101＝4　 R102＝1　 R103＝0	设定参数
R104＝－18　 R105＝0	设定参数
LCYC82	调用钻孔循环指令钻中心孔 1
X30	钻中心孔 2
X21.21 Y21.21	钻中心孔 3
X0 Y30	钻中心孔 4
X－21.21 Y21.21	钻中心孔 5
X－30 Y0	钻中心孔 6
X－21.21,Y－21.21	钻中心孔 7
X0 Y－30	钻中心孔 8
X21.21 Y－21.21	钻中心孔 9
G00 Z100 M09	快速抬刀,关闭冷却液
M05	主轴停止
M30	程序结束并返回
ABC352	主程序(钻 φ6 mm 孔)
G54 M03 S800 F20	以工件上平面中心为程序原点,设定主轴转速和进给速度

G00 Z20 M08	快速移到安全高度,打开冷却液
G00 X30 Y0	快速移到孔2位置
R101 = 4 R102 = 1 R103 = 0 R104 = −18	设定参数
R105 = 0 R107 = 30 R108 = 20	设定参数
R109 = 0 R110 = −6	设定参数
R111 = 5 R127 = 0	设定参数
LCYC83	调用深孔钻削循环指令钻孔2
X21. 21 Y21. 21	钻孔3
X0 Y30	钻孔4
X −21. 21 Y21. 21	钻孔5
X −30 Y0	钻孔6
X −21. 21, Y −21. 21	钻孔7
X0 Y −30	钻孔8
X21. 21 Y −21. 21	钻孔9
G00 Z100 M09	快速抬刀,关闭冷却液
M05	主轴停止
M30	程序结束并返回
ABC353	主程序(扩 ϕ9. 8 mm 孔)
G54 M03 S800 F100	以工件上平面中心为程序原点,设定主轴转速和进给速度
G00 Z20 M08	快速移到安全高度,打开冷却液
G00 X30 Y0	快速移到孔2位置
R101 = 4 R102 = 1 R103 = 0 R104 = −18	设定参数
R105 = 0	设定参数
LCYC82	调用钻孔循环指令钻孔2
X0 Y30	钻孔4
X −30 Y0	钻孔6
X0 Y −30	钻孔8
G00 Z100 M09	快速抬刀,关闭冷却液
M05	主轴停止
M30	程序结束并返回
ABC354	主程序(铰 $\phi10_0^{+0.02}$ mm 孔)
G54 M03 S300 F50	以工件上平面中心为程序原点,设定主轴转速和进给速度
G00 Z20 M08	快速移到安全高度,打开冷却液
G00 X30 Y0	快速移到孔2位置
R101 = 4 R102 = 1 R103 = 0	设定参数
R104 = −18 R105 = 0	设定参数
LCYC82	调用钻孔循环指令铰 $\phi10_0^{+0.02}$ mm

	孔 2
X0 Y30	铰 $\phi 10_0^{+0.02}$ mm 孔 4
X – 30 Y0	铰 $\phi 10_0^{+0.02}$ mm 孔 6
X0 Y – 30	铰 $\phi 10_0^{+0.02}$ mm 孔 8
G00 Z100 M09	快速抬刀,关闭冷却液
M05	主轴停止
M30	程序结束并返回
ABC355	主程序(钻 $\phi 10.8$ mm 孔)
G54 M03 S580 F80	以工件上平面中心为程序原点,设定主轴转速和进给速度
G00 Z20 M08	快速移到安全高度,打开冷却液
G00 X0 Y0	快速移到孔 1 位置
R101 = 4 R102 = 1 R103 = 0 R104 = – 18	设定参数
R105 = 0 R107 = 80 R108 = 80 R109 = 0	设定参数
R110 = – 6 R111 = 5 R127 = 0	设定参数
LCYC83	调用深孔钻削循环指令钻孔 1
G00 Z100 M09	快速抬刀,关闭冷却液
M05	主轴停止
M30	程序结束并返回
ABC356	主程序(攻 M12 mm 螺孔)
G54 M03 S100	以工件上平面中心为程序原点,设定主轴转速和进给速度
G00 Z20 M08	快速移到安全高度,打开冷却液
G00 X0 Y0	快速移到孔 1 位置
R101 = 4 R102 = 1 R103 = 0 R104 = – 18	设定参数
R105 = 0 R106 = 1.75 R112 = 100 R113 = 100	设定参数
LCYC84	调用攻螺纹指令攻 M12 mm 螺孔 1
G00 Z100 M09	快速抬刀,关闭冷却液
M05	主轴停止
M30	程序结束并返回

八、加工要求及评分标准

初级训练项目(五)的加工要求及评分标准见表 3.10。

表3.10　初级训练项目(五)评分表

工件编号		3.10					
项目与配分		序号	技术要求	配分	评分标准	检查记录	得分
工件加工评分(70分)	孔加工	1	$\phi6$	20	每错一处扣5分		
	销孔	2	$\phi10_0^{+0.02}$	20	每错一处扣5分		
		3	$R_a3.2\ \mu m$	5	超差全扣		
	螺孔	4	M12	20	每错一处扣5分		
	其他	5	工件无缺陷	5	缺陷一处扣2分		
程序与工艺(20分)		7	加工工艺卡	10	不合理一处扣2分		
		8	程序正确合理	10	每错一处扣2分		
机床操作(10分)		9	机床操作规范	5	出错一次扣2分		
		10	工件、刀具装夹	5	出错一次扣2分		
安全文明生产		11	安全操作	倒扣	安全事故扣5~30分		
		12	机床整理	倒扣			

项目3.6　　数控铣削综合类零件(简单)加工

一、训练任务(计划学时:4)

加工如图3.12所示工件,毛坯尺寸为80 mm×80 mm×16 mm,试编写其加工工艺卡和加工程序。

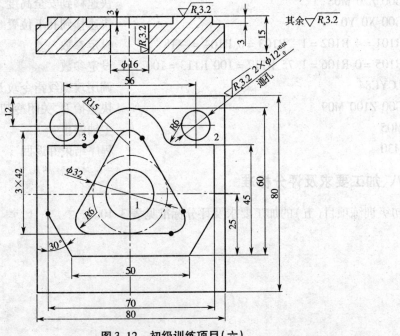

图3.12　初级训练项目(六)

二、能力目标

能加工简单综合类零件。

三、加工准备

（1）选用机床：TK7650A 数控铣床（FANUC 0i Mate – MB 系统）或 ZK7640 数控铣床（SIEMENS – 802S 系统）或 HMDI – 21M 数控铣床（华中世纪星系统）。

（2）选用夹具：精密平口钳。

（3）使用毛坯：80 mm×80 mm×16 mm 的 45 钢，六面已加工。

（4）工具、量具、刀具参照备注配备。

四、训练步骤

（1）分析零件（图 3.12）铣削加工起刀点、换刀点、加工切入点及走刀路线。

（2）编写加工工艺。

（3）编写零件加工程序。

（4）输入程序并检验。

（5）加工零件。

五、工艺分析

1. 加工工艺内容

加工上平面,平面结构要求较高,需采用 ϕ60 mm 面铣刀进行加工;加工 3 mm 深的内轮廓,内圆弧最小圆角半径为 6 mm,尺寸要求不高,因此可选用 ϕ12 mm 立铣刀进行加工;加工 3 mm 高的外轮廓,外轮廓内圆弧最小圆角半径为 6 mm,尺寸要求不高,因此可选用 ϕ12 mm 立铣刀进行加工;加工 2 个 $\phi12_0^{+0.02}$ mm 孔,尺寸精度要求较高,位置精度要求不高,所以需先钻 ϕ11.8 mm 孔,然后铰孔;加工 ϕ16 mm 孔,可采用先钻 ϕ11.8 mm 孔,然后用 ϕ16 mm 钻花扩孔。

2. 加工工艺卡

本零件加工工艺卡如表 3.11 所示。

表 3.11　加工工艺卡

机床:数控铣床			加工数据表				
工序	加工内容	刀具	刀具材料	刀具类型	主轴转速(r/min)	进给量(mm/min)	半径补偿(mm)
1	铣上平面	T01	硬质合金	ϕ60 mm 面铣刀	600	100	无
2	钻孔	T02	高速钢	ϕ11.8 mm 钻花	500	80	无
3	扩孔	T03	高速钢	ϕ16 mm 钻花	400	50	无
4	去余料	T04	高速钢	ϕ12 mm 立铣刀	800	100	无
5	加工外轮廓	T04	高速钢	ϕ12 mm 立铣刀	800	100	6

机床：数控铣床			加工数据表				
工序	加工内容	刀具	刀具材料	刀具类型	主轴转速(r/min)	进给量(mm/min)	半径补偿(mm)
6	加工内轮廓	T04	高速钢	φ12 mm 立铣刀	800	100	6
7	铰孔	T05	高速钢	φ12 mm 铰刀	300	50	无

3. 轮廓加工走刀路径

采用 φ12 mm 立铣刀加工 3 mm 高的外轮廓，因为刀具建立刀补后，在工件外直接下刀，然后沿切线切入加工外轮廓，所以补偿点可定在(50,−25)，为了编程方便可把加工起点定在(50,−40)。

采用 φ12 mm 立铣刀加工 3 mm 深的内轮廓，工件有预钻孔，所以刀具建立刀补后，可在孔上直接下刀，所以补偿点可定在(0,0)，为了编程方便可把加工起点定在(20,20)。

4. 基点计算

利用 CAD 软件分析出基点坐标，如图 3.13 所示。

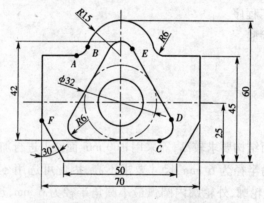

图 3.13   初级训练项目(六)基点坐标

$A(-20.125, 20)$；$B(-14.375, 24.286)$；$C(17.321, -16)$；
$D(22.517, -7)$；$E(5.196, 23)$；$F(-35, -7.679)$

5. 去余料

外轮廓和内轮廓加工后零件如图 3.14 所示，阴影部分为加工后所剩余料。

1)外轮廓所剩余料去除

外轮廓所剩余料如图 3.14 外面阴影部分所示。去除时按图 3.15 所示可在 A 点直接下刀，然后沿 ABCDEFGHIJ 的轨迹加工去除余料。其中 DE、GH 段没有加工零件，故可采用快速走刀，以提高效率。

2)内轮廓所剩余料去除

内轮廓所剩余料如图 3.14 中间阴影部分所示。只有三个角留下很少的部分没有加工，故可从工件中心下刀，直线插补到 K 点，然后走一个直径为 φ14 mm 的圆去除余料(图 3.15)。

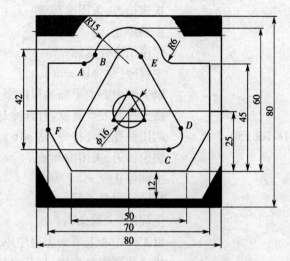

图 3.14　初级训练项目(六)外、内轮廓加工后所剩余料

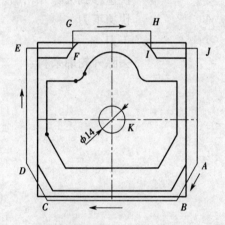

图 3.15　初级训练项目(六)余料去除加工路径图

六、加工程序

1. 加工上平面(FANUC 0i Mate - MB 系统、SIEMENS - 802S 系统、华中世纪星系统)

O0361(ABC361)与程序 O0321(ABC321)相同。

2. FANUC 0i Mate - MB 系统、华中世纪星系统的其他程序

O0362	主程序(钻 ϕ11.8 mm 孔)
G54 M03 S500	以工件中心上平面为程序原点,设定主轴转速
G00 Z20 M08	快速移到安全高度,打开冷却液
G83 X0 Y0 Z - 18 R3 Q8 F80	调用深孔钻削循环指令,钻 ϕ11.8 mm 孔 1
G83 X0 Y0 Z - 18 R3 Q - 8 F80	调用深孔钻削循环指令,钻 ϕ11.8 mm 孔 1
	(华中世纪星系统)
X28 Y28	钻 ϕ11.8 mm 孔 2
X - 28	钻 ϕ11.8 mm 孔 3

G00 Z100 M09	快速抬刀,关闭冷却液
M05	主轴停止
M30	程序结束并返回
O0363	主程序(钻 $\phi16$ mm 孔)
G54 M03 S400	以工件中心上平面为程序原点,设定主轴转速
G00 Z20 M08	快速移到安全高度,打开冷却液
G81 X0 Y0 Z – 18 R3 F50	调用钻孔循环指令,钻 $\phi16$ mm 孔 1
G00 Z100 M09	快速抬刀,关闭冷却液
M05	主轴停止
M30	程序结束并返回
O0364	主程序(去除余料)
G54 M03 S800	以工件中心上平面为程序原点,设定主轴转速
G00 Z20 M08	快速移到安全高度,打开冷却液
X46 Y – 23	快速移到去除外轮廓余料起点
G00 Z2	快速下刀
G01 Z – 3 F100	下刀
X35 Y – 42	去除外轮廓余料
X – 35	
X – 46 Y – 23	
G00 Y37	
G01 X – 21	
Y46	
G00 X21	
G01 Y37	
X46	
G00 Z5	抬刀
X0 Y0	快速移到去除内轮廓余料起点
G01 Z – 3	下刀
X7	去除内轮廓余料
G02 X7 Y0 I – 7 J0	
G00 Z100 M09	快速抬刀,关闭冷却液
M05	主轴停止
M30	程序结束并返回
O0365	主程序(加工外轮廓)
G54 M03 S800	以工件中心上平面为程序原点,设定主轴转速
G0 Z20 M08	快速移到安全高度,打开冷却液
X50 Y – 40	快速移到加工起点
G41 Y – 25 D01	建立左刀补
G00 Z2	快速下刀

G01 Z - 3 F100	下刀
X25	切线切入
X - 25	加工工件
X - 35 Y - 7. 679	
Y20	
X - 20. 125	
G03 X - 14. 375 Y24. 286 R6	
G02 X14. 375 Y24. 286 R15	
G03 X20. 125 Y20 R6	
G01 X35	
Y - 7. 679	
X25 Y - 25	
X15	
G00 Z100 M09	快速抬刀,关闭冷却液
G40 Y - 50	取消刀补
M05	主轴停止
M30	程序结束并返回
O0366	主程序(加工内轮廓)
G54 M03 S800	以工件中心上平面为程序原点,设定主轴转速
G00 Z20 M08	快速移到安全高度,打开冷却液
G0 X20 Y20	快速移到加工起点
G41 X0 Y0 D01	建立左刀补
G00 Z2	快速下刀
G01 Z - 3 F80	下刀
G03 X0 Y - 16 R8	圆弧切入
G01 X17. 321	加工工件
G03 X22. 517 Y - 7 R6	
G01 X5. 196 Y23	
G03 X - 2. 196 Y23 R6	
G01 X - 22. 517 Y - 7	
G03 X - 17. 321 Y - 16 R6	
G01 X0	
G03 X0 Y0 R8	
G00 Z100 M09	快速抬刀,关闭冷却液
G40 G00 X20 Y20	取消刀补
M05	主轴停止
M30	程序结束并返回
O0367	主程序(铰 $\phi 12_0^{+0.02}$ mm 孔)
G54 M03 S300	以工件中心上平面为程序原点,设定主轴转速

G00 Z20 M08	快速移到安全高度,打开冷却液
G81 X28 Y28 Z – 18 R3 F50	调用钻孔循环指令,铰 $\phi 12^{+0.02}_0$ mm 孔 2
X – 28	铰 $\phi 12^{+0.02}_0$ mm 孔 3
G00 Z100 M09	快速抬刀,关闭冷却液
M05	主轴停止
M30	程序结束并返回

3. SIEMENS – 802S 系统的其他程序

ABC362	主程序(钻 $\phi 11.8$ mm 孔)
G54 M03 S500 F80	以工件中心上平面为程序原点,设定主轴转速和进给速度
G00 Z20 M08	快速移到安全高度,打开冷却液
G00 X0 Y0	快速移到孔 1 位置
R101 = 4 R102 = 1 R103 = 0	设定参数
R104 = – 18 R105 = 0 R107 = 80	设定参数
R108 = 80 R109 = 0 R110 = – 6	设定参数
R111 = 5 R127 = 0	设定参数
LCYC83	调用深孔钻削循环指令,钻孔 1
X28 Y28	钻孔 2
X – 28	钻孔 3
G00 Z100 M09	快速抬刀,关闭冷却液
M05	主轴停止
M30	程序结束并返回
ABC363	主程序(钻 $\phi 16$ mm 孔)
G54 M03 S400 F50	以工件中心上平面为程序原点,设定主轴转速和进给速度
G00 Z20 M08	快速移到安全高度,打开冷却液
G00 X0 Y0	快速移到孔 1 位置
R101 = 4 R102 = 1 R103 = 0	设定参数
R104 = – 18 R105 = 0	设定参数
LCYC82	调用钻孔循环指令,扩 $\phi 16$ mm 孔 1
G00 Z100 M09	快速抬刀,关闭冷却液
M05	主轴停止
M30	程序结束并返回
ABC364(去除余料)与程序 O0364 相同	
ABC365	主程序(加工外轮廓)
G54 M03 S500 T4	以工件中心上平面为程序原点,设定主轴转速,选择 4 号刀
G00 Z20 M08	快速移到安全高度,打开冷却液
X50 Y – 40	快速移到起点

G41 Y－25 D01	建立刀左补
G00 Z2	快速下刀
G01 Z－3 F100	下刀
X25	切线切入
X－25	加工工件
X－35 Y－7.679	
Y20	
X－20.125	
G03 X－14.375 Y24.286 CR＝6	
G02 X14.375 Y24.286 CR＝15	
G03 X20.125 Y20 CR＝6	
G01 X35	
Y－7.679	
X25 Y－25	
X15	
G0 Z100 M09	快速抬刀,关闭冷却液
G40 Y－50	取消刀补
M05	主轴停止
M30	程序结束并返回
ABC366	主程序(加工内轮廓)
G54 M03 S500 T4	以工件中心上平面为程序原点,设定主轴转速,选择4号刀
G00 Z20 M08	快速移到安全高度,打开冷却液
G0 X20 Y20	快速移到起点
G41 X0 Y0 D01	建立刀左补
G00 Z2	快速下刀
G01 Z－3 F80	下刀
G03 X0 Y－16 Z－3 CR＝8	圆弧切入
G01 X17.321	加工工件
G03 X22.517 Y－7 CR＝6	
G01 X5.196 Y23	
G03 X－2.196 Y23 CR＝6	
G01 X－22.517 Y－7	
G03 X－17.321 Y－16 CR＝6	
G01 X0	
G03 X0 Y－16 I0 J16	
G40 G01 X0 Y0	取消刀补
G00 Z100 M09	快速抬刀,关闭冷却液
M05	主轴停止

M30	程序结束并返回
ABC367	主程序(铰 $\phi12_0^{+0.02}$ mm 孔)
G54 M03 S300 F50	以工件中心上平面为程序原点,设定主轴转速和进给速度
G00 Z20 M08	快速移到安全高度,打开冷却液
G00 X28 Y28	快速移到孔 2 位置
R101 = 4 R102 = 1 R103 = 0	设定参数
R104 = −18 R105 = 0	设定参数
LCYC82	调用钻孔循环指令,铰 $\phi12_0^{+0.02}$ mm 孔 2
X − 28	铰 $\phi12_0^{+0.02}$ mm 孔 3
G00 Z100 M09	快速抬刀,关闭冷却液
M05	主轴停止
M30	程序结束并返回

八、加工要求及评分标准

初级训练项目(六)的加工要求及评分标准见表3.12。

表 3.12　初级训练项目(六)评分表

工件编号			3.12				
项目与配分		序号	技术要求	配分	评分标准	检查记录	得分
工件加工评分(70分)	上平面	1	R_a3.2 μm	5	超差全扣		
	内轮廓	2	$R6$、$3×42$	10	每错一处扣5分		
		3	3	5	每错一处扣5分		
		4	R_a6.3 μm	5	超差全扣		
	外轮廓	5	70、60、45、25、$R6$、$R15$	10	每错一处扣5分		
		6	3	5	每错一处扣5分		
		7	R_a6.3 μm	5	超差全扣		
	孔	8	$\phi12_0^{+0.02}$、56、12	10	每错一处扣5分		
		9	R_a3.2 μm	5	超差全扣		
		10	$\phi16$	5	每错一处扣5分		
	其他	11	工件无缺陷	5	缺陷一处扣2分		
程序与工艺(20分)		12	加工工艺卡	10	不合理一处扣2分		
		13	程序正确合理	10	每错一处扣2分		
机床操作(10分)		14	机床操作规范	5	出错一次扣2分		
		15	工件、刀具装夹	5	出错一次扣2分		
安全文明生产		16	安全操作	倒扣	安全事故扣5~30分		
		17	机床整理	倒扣			

思考与练习

1. 加工如图 3.16 所示工件,毛坯尺寸为 80 mm×40 mm×16 mm 六面已加工,试编写其加工工艺卡和加工程序。

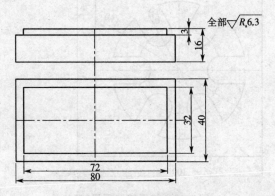

图 3.16　初级练习项目(一)

2. 加工如图 3.17 所示工件,毛坯尺寸为 90 mm×80 mm×21 mm 六面已加工,试编写其加工工艺卡和加工程序。

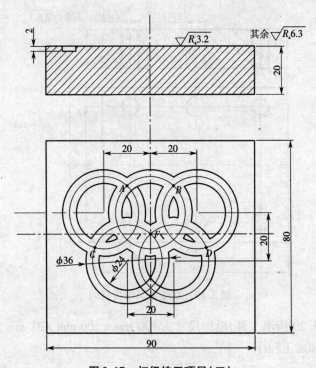

图 3.17　初级练习项目(二)

$A(-10,20)$;$B(10,20)$;$C(-23.94,-5.65)$;$D(23.94,-5.65)$;$F(0,0)$

3. 加工如图 3.18 所示工件,毛坯尺寸为 100 mm×100 mm×16 mm 六面已加工,试编写其加工工艺卡和加工程序。

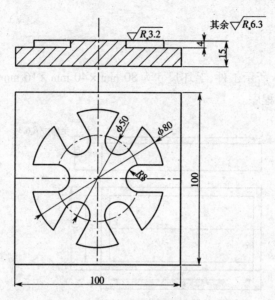

图 3.18　初级练习项目(三)

4. 加工如图 3.19 所示工件,毛坯尺寸为 100 mm × 80 mm × 20 mm 六面已加工,试编写其加工工艺卡和加工程序。

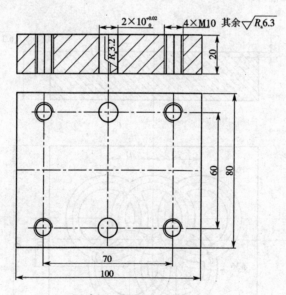

图 3.19　初级练习项目(四)

5. 加工如图 3.20 所示工件,毛坯尺寸为 100 mm × 100 mm × 21 mm 六面已加工,试编写其加工工艺卡和加工程序。

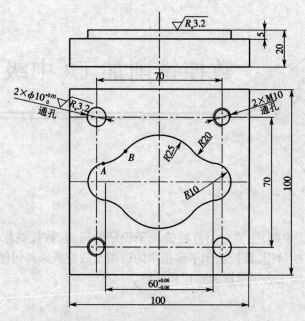

图 3.20 初级练习项目(五)

$A(-31.25, 9.92)$;$B(-18.75, 16.54)$

数控铣削加工(中级)

模块
4

数控铣削加工(中级)主要介绍数控铣床子程序的运用、数控铣床旋转指令的运用、数控铣床镜像指令的运用、数控铣床平移指令的运用及数控铣床如何保证工件尺寸,这些内容是数控铣削中级工必须掌握的知识和技能。

能力目标

在数控铣床操作中能保证工件尺寸。

知识目标

掌握数控铣床子程序的运用。
掌握数控铣床旋转指令、镜像指令和平移指令的使用。

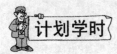

计划学时

24 学时。

项目 4.1 数控铣床子程序的运用

一、训练任务(计划学时:4)

加工如图 4.1 所示工件,毛坯为 200 mm×160 mm×30 mm 的 HT200 铸铁,六面已加工完毕,试编写其螺孔的加工工艺卡和加工程序并进行加工。

二、能力目标、知识目标

能运用子程序指令加工零件。

三、加工准备

(1)选用机床:TK7650A 数控铣床(FANUC 0i Mate – MB 系统)或 ZK7640 数控铣床

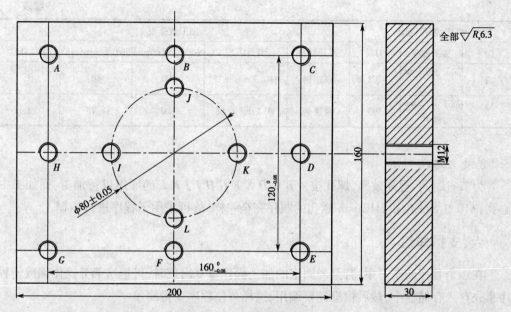

图 4.1 中级训练项目(一)

(SIEMENS-802S 系统)或 HMDI-21M 数控铣床(华中世纪星系统)。

(2)选用夹具:精密平口钳。

(3)使用毛坯:200 mm×160 mm×30 mm 的 HT200 铸铁,六面已加工。

(4)工具、量具、刀具参照备注配备。

四、训练步骤

(1)分析零件(图4.1)铣削加工起刀点、换刀点、加工切入点及走刀路线,编写零件加工工艺。

(2)编写零件加工程序。

(3)输入程序并检验。

(4)操作数控机床加工零件。

五、工艺分析

1.加工工艺内容

零件只需加工 12 个 M12 mm 的螺孔,孔与孔有位置要求,故采用 φ4 mm 中心钻先定位,然后用 φ10.3 mm 的钻花钻通孔,最后采用 M12 mm 的丝攻加工螺孔。

2.加工工艺卡

本零件加工工艺卡如表4.1所示。

表 4.1 加工工艺卡

机床:数控铣床			加工数据表				
工序	加工内容	刀具	刀具材料	刀具类型	主轴转速(r/min)	进给量(mm/min)	半径补偿
1	加工中心孔	T01	高速钢	φ4 mm 中心钻	1 200	120	无

续表

机床：数控铣床			加工数据表				
工序	加工内容	刀具	刀具材料	刀具类型	主轴转速(r/min)	进给量(mm/min)	半径补偿
2	加工 φ10.3 mm 孔	T02	高速钢	φ10.3 mm 钻花	600	80	无
3	加工 M12 mm 螺孔	T03	高速钢	M12 mm 丝攻	100	1.75	无

3. 走刀路径

为节省时间、提高效率，螺孔按 *A B C D E F G H I J K L* 的顺序进行加工，而加工中心孔、φ10.3 mm 孔和 M12 mm 螺孔的顺序完全一样，故可采用子程序进行编程。

六、支撑知识

在一个程序或图形中，若某一固定的加工操作重复出现时，可把这部分操作编成子程序事先存入存储器中，然后根据需要调用，这样可使程序变得简单。

1. 子程序(FANUC 0i Mate – MB 系统、华中世纪星系统)

1) 调用子程序

格式　M98　P ___ L ___

其中，调用地址 P 后跟的是子程序号，L 后跟的是调用次数。例如，M98　P4001 L6 表示调用 4001 号子程序 6 次，如调用次数为 1 次时，则可省略调用次数。

或格式　M98　P ___

其中，调用地址 P 后跟 8 位数字，前四位为调用次数，后四位为子程序号。例如，M98 P64001 表示调用 4001 号子程序 6 次，如调用次数为 1 次时，则可省略调用次数。

2) 子程序的格式

O ___(子程序号)

…

…

M99

M99 指令表示子程序结束，并返回主程序 M98 P ___ 的下一个程序段，继续执行主程序。

2. 子程序(SIEMENS – 802S 系统)

1) 子程序程序名及格式

(1) 子程序程序名：为了方便地选择某一子程序，必须给子程序取一个程序名。程序名必须符合以下规定：

① 开始的首个符号必须是地址字 L，其他符号为字母、数字或下划线；

② 最多 8 个字符，没有分隔符；

③ 其他与主程序中程序名的选取方法一样。

举例　LRAHMEN 7

注:地址字 L 之后的每个零均有意义,不可省略,另外子程序的后缀一般为 SPF。

（2）子程序格式与主程序大致相同,但主程序结束用 M30 或 M02,而子程序结束并返回用 M17。

2）子程序调用

在一个程序（主程序或子程序）中可以直接用程序名调用子程序,子程序调用要求占用一个独立的程序段。

举例　N10 L785（调用子程序 L785）

　　　　N20 LRHMEN 7（调用子程序 LRAHMEN 7）

如果要求多次连续地执行某一子程序,则在编程时必须在所调用子程序的程序名后地址 P 下写入调用次数,最大次数可以为 9 999（P1 ～ P9999）。

举例　N10 L785 P3（调用子程序 L785,运行 3 次）

3）嵌套深度

子程序不仅可以从主程序中调用,也可以从其他子程序中调用,这个过程称为子程序的嵌套。子程序的嵌套深度可以为三层,也就是四级程序界面（包括主程序界面）。

七、加工程序

1. 加工程序（FANUC 0i Mate – MB 系统、华中世纪星系统）

O0411	主程序（加工中心孔）
G54 M03 S1200	以工件中心上平面为程序原点,设定主轴转速
G00 Z20 M08	快速移到安全高度,打开冷却液
G81 X – 80 Y60 Z – 4 R3 F120	调用钻孔循环指令,钻中心孔 A
M98 P1411	调用子程序,加工其他中心孔
G80	取消钻孔循环指令
G00 Z100 M09	快速抬刀,关闭冷却液
M05	主轴停止
M30	程序结束并返回
O0412	主程序（加工 ϕ10. 3 mm 孔）
G54 M03 S600	以工件中心上平面为程序原点,设定主轴转速
G00 Z20 M08	快速移到安全高度,打开冷却液
G83 X – 80 Y60 Z – 34 R3　Q8 F80	调用深孔钻削循环指令,钻 ϕ10. 3 mm 孔 A
G83 X – 80 Y60 Z – 34 R3 Q – 8 F80	调用深孔钻削循环指令,钻 ϕ10. 3 mm 孔 A（华中世纪星系统）
M98 P1411	调用子程序,加工其他 ϕ10. 3 mm 孔
G80	取消钻孔循环指令
G00 Z100 M09	快速抬刀,关闭冷却液
M05	主轴停止
M30	程序结束并返回

O0413	主程序(加工 M12 mm 螺孔)
G54 M03 S100	以工件中心上平面为程序原点,设定主轴转速
G00 Z20 M08	快速移到安全高度,打开冷却液
G84 X – 80 Y60 Z – 34 R3　F175	调用攻螺纹循环指令,加工 M12 mm 螺孔 A
M98 P1411	调用子程序,加工其他螺孔
G80	取消钻孔循环指令
G00 Z100 M09	快速抬刀,关闭冷却液
M05	主轴停止
M30	程序结束并返回
O1411	子程序
X0 Y60	加工孔 B
X80 Y60	加工孔 C
X80 Y0	加工孔 D
X80 Y – 60	加工孔 E
X0 Y – 60	加工孔 F
X – 80 Y – 60	加工孔 G
X – 80 Y0	加工孔 H
X – 40 Y0	加工孔 I
X0 Y40	加工孔 J
X40 Y0	加工孔 K
X0 Y – 40	加工孔 L
M99	子程序结束

2. 加工程序(SIEMENS – 802S 系统)

ABC411	主程序(加工中心孔)
G54 M03 S1200　F120	以工件中心上平面为程序原点,设定主轴转速和进给速度
G00 Z20 M08	快速移到安全高度,打开冷却液
G00 X – 80　Y60	快速移到孔 A 位置
R101 = 4 R102 = 1　R103 = 0	设定参数
R104 = – 4　R105 = 0	设定参数
LCYC82	调用钻孔循环指令,钻中心孔 A
L411	调用子程序,加工其他中心孔
G00 Z100 M09	快速抬刀,关闭冷却液
M05	主轴停止
M30	程序结束并返回
ABC412	主程序(加工 ϕ10.3 mm 孔)
G54 M03 S600 F80	以工件中心上平面为程序原点,设定主轴转速

	和进给速度
G00 Z20 M08	快速移到安全高度,打开冷却液
G00 X – 80 Y60	快速移到孔 A 位置
R101 = 4 R102 = 1 R103 = 0 R104 = – 34	设定参数
R105 = 0 R107 = 80 R108 = 80	设定参数
R109 = 0 R110 = – 6 R111 = 5 R127 = 0	设定参数
LCYC83	调用深孔钻削循环指令,钻 φ10.3 mm 孔 A
L411	调用子程序,加工其他 φ10.3 mm 孔
G00 Z100 M09	快速抬刀,关闭冷却液
M05	主轴停止
M30	程序结束并返回
ABC413	主程序(加工 M12 mm 螺孔)
G54 M03 S100 F100	以工件中心上平面为程序原点,设定主轴转速
	和进给速度
G00 Z20 M08	快速移到安全高度,打开冷却液
G00 X – 80 Y60	快速移到孔 A 位置
R101 = 4 R102 = 1 R103 = 0	设定参数
R104 = – 34 R105 = 0	设定参数
R106 = 1.75 R112 = 100 R113 = 100	设定参数
LCYC84	调用攻螺纹循环指令,加工 M12 mm 螺孔 A
L411	调用子程序,加工其他螺孔
G00 Z100 M09	快速抬刀,关闭冷却液
M05	主轴停止
M30	程序结束并返回
L411	子程序
X0 Y60	加工孔 B
X80 Y60	加工孔 C
X80 Y0	加工孔 D
X80 Y – 60	加工孔 E
X0 Y – 60	加工孔 F
X – 80 Y – 60	加工孔 G
X – 80 Y0	加工孔 H
X – 40 Y0	加工孔 I
X0 Y40	加工孔 J
X40 Y0	加工孔 K
X0 Y – 40	加工孔 L
M17	子程序结束

八、加工要求及评分标准

中级训练项目（一）的加工要求及评分标准见表4.2。

表4.2 中级训练项目（一）评分表

工件编号		4.1				
项目与配分		序号	技术要求	配分	评分标准	检查记录	得分
工件加工评分(70分)	孔	1	M12(12 处)	50	每错一处扣5分		
		2	160、120	5	超差全扣		
		3	φ80	5	超差全扣		
		4	R_a6.3 μm	5	每错一处扣2分		
	其他	5	工件无缺陷	5	缺陷一处扣2分		
程序与工艺(20分)		6	加工工艺卡	10	不合理一处扣2分		
		7	程序正确合理	10	每错一处扣2分		
机床操作(10分)		8	机床操作规范	5	出错一次扣2分		
		9	工件、刀具装夹	5	出错一次扣2分		
安全文明生产		10	安全操作	倒扣	安全事故扣5~30分		
		11	机床整理	倒扣			

项目4.2　数控铣床加工中如何保证工件尺寸

一、训练任务（计划学时:4）

加工如图4.2所示工件，毛坯为80 mm×80 mm×18 mm的45钢板，试编写其加工工艺卡和加工程序。

二、能力目标、知识目标

在数控铣床操作中能保证工件尺寸。

三、加工准备

（1）选用机床：TK7650A 数控铣床（FANUC 0i Mate－MB 系统）或 ZK7640 数控铣床（SIEMENS－802S 系统）或 HMDI－21M 数控铣床（华中世纪星系统）。

（2）选用夹具：精密平口钳。

（3）使用毛坯：80 mm×80 mm×18 mm 的 45 钢，六面已加工。

（4）工具、量具、刀具参照备注配备。

四、训练步骤

（1）分析零件（图4.2）铣削加工起刀点、换刀点、加工切入点及走刀路线并编写加工

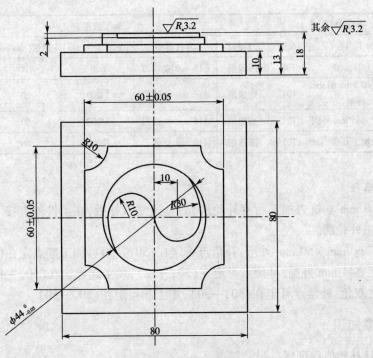

图4.2 中级训练项目(二)

工艺。

(2)编写零件加工程序。

(3)输入程序并检验。

(4)操作数控机床粗加工零件。

(5)测量零件尺寸,修改刀具补偿值,精加工零件。

五、工艺分析

1. 加工工艺内容

零件需加工60 mm×60 mm外形、φ44 mm外圆和双鱼,因零件有尺寸要求,所以要进行粗、精加工,并利用修改刀补保证零件尺寸。

2. 加工工艺卡

本零件加工工艺卡如表4.3所示。

表4.3 加工工艺卡

机床:数控铣床			加工数据表					
工序	加工内容	刀具	刀具材料	刀具类型	主轴转速(r/min)	进给量(mm/min)	半径补偿(mm)
1	平面	T01	高速钢	φ16 mm立铣刀	600	120	无
2	粗加工60 mm×60 mm 外形	T01	高速钢	φ16 mm立铣刀	600	60	16.4
3	粗加工φ44 mm外圆	T01	高速钢	φ16 mm立铣刀	600	80	16.4

机床:数控铣床					加工数据表		
工序	加工内容	刀具	刀具材料	刀具类型	主轴转速(r/min)	进给量(mm/min)	半径补偿(mm)
4	粗加工双鱼	T01	高速钢	φ16 mm 立铣刀	600	120	16.4
5	精加工 60 mm×60 mm 外形	T01	高速钢	φ16 mm 立铣刀	1 200	60	测量后计算
6	精加工 φ44 mm 外圆	T01	高速钢	φ16 mm 立铣刀	1 200	60	测量后计算
7	精加工双鱼	T01	高速钢	φ16 mm 立铣刀	1 200	60	测量后计算

3.走刀路径

采用 φ16 mm 立铣刀加工所有外轮廓,刀具建立刀补后,在工件外直接下刀,然后沿切线切入加工外轮廓。

(1)加工 60 mm×60 mm 外形:补偿点可定在(50, -30),加工起点定在(50, -50)。

(2)加工 φ44 mm 外圆:补偿点可定在(50, -22),加工起点定在(50, -40)。

(3)加工双鱼:补偿点可定在(50, -30),加工起点定在(50, -50)。

六、支撑知识

利用刀具补偿值保证零件尺寸精度。

1.粗加工

利用刀具补偿值,可进行粗加工。如图 4.3 所示,刀具半径为 r,精加工余量为 Δ。粗加工时,输入刀补(直径)$D_粗 = 2r + 2\Delta$,则加工出虚画线轮廓,粗加工零件尺寸比实际零件尺寸要大 2Δ。

2.精加工

粗加工后,若实测得到尺寸 L_1,零件尺寸为 L,如图 4.3 所示,则精加工时刀补 $D_精 = D_粗 - (L_1 - L)$,精加工后便可获得所要零件尺寸 L。

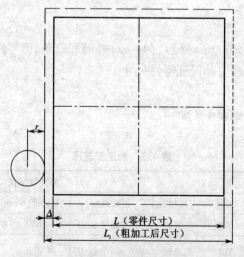

图 4.3 利用刀具补偿值进行粗、精加工

七、加工程序

1. 加工程序（FANUC 0i Mate – MB 系统、华中世纪星系统）

程序	说明
O00421	主程序（加工平面）
G54 M03 S600	以工件中心上平面为程序原点，设定主轴转速
G00 Z20 M08	快速移到安全高度，打开冷却液
G00 X50 Y40	快速移到加工起点
G00 Z2	快速下刀
G01 Z0 F120	下刀
M98 P1421 L3	调用子程序加工平面
G90 G00 Z100 M09	快速抬刀，关闭冷却液
M05	主轴停止
M30	程序结束并返回
O1421	子程序
G01 G91 X – 90	采用增量坐标，往 X 方向加工 – 90
Y – 14	采用增量坐标，往 Y 方向加工 – 14
X90	采用增量坐标，往 X 方向加工 90
Y – 14	采用增量坐标，往 Y 方向加工 – 14
M99	子程序结束
O00422	主程序（加工 60 mm×60 mm 外形）
G54 M03 S600（粗）/S1200（精）	以工件中心上平面为程序原点，设定主轴转速
G00 Z20 M08	快速移到安全高度，打开冷却液
G00 X50 Y – 50	快速移到加工起点
G41 Y – 30 D01	建立左刀补
G00 Z – 8	快速下刀（工件外面）
G01 X20 F60	切线切入
X – 20	加工工件
G03 X – 30 Y – 20 R10	
G01 Y20	
G03 X – 20 Y30 R10	
G01 X20	
G03 X30 Y20 R10	
G01 Y – 20	
G03 X20 Y – 30 R10	
G01 X10	
G40 Y – 50	取消刀补
G00 Z100 M09	快速抬刀，关闭冷却液
M05	主轴停止
M30	程序结束并返回

O0423	主程序(加工 ϕ44 mm 外圆)
G54 M03 S600(粗)/S1200(精)	以工件中心上平面为程序原点,设定主轴转速
G00 Z20 M08	快速移到安全高度,打开冷却液
G00 X50 Y – 40	快速移到加工起点
G41 Y – 22 D01	建立左刀补
G00 Z – 5	快速下刀(工件外面)
G01 X0 F80(粗)/F60(精)	切线切入
G02 X0 Y – 22 I0 J22	加工工件
G01 X – 5	
G40 Y – 50	取消刀补
G00 Z100 M09	快速抬刀,关闭冷却液
M05	主轴停止
M30	程序结束并返回
O0424	主程序(加工双鱼)
G54 M03 S600(粗)/S1200(精)	以工件中心上平面为程序原点,设定主轴转速
G00 Z20 M08	快速移到安全高度,打开冷却液
G00 X50 Y – 50	快速移到加工起点
G41 Y – 30 D01	建立左刀补
G00 Z – 2	快速下刀(工件外面)
G01 X10 F120 (粗)/F60(精)	切线切入
G02 X – 20 Y0 R30	加工工件
G02 X0 Y0 R10	
G03 X20 Y0 R10	
G03 X – 10 Y – 30 R30	
G01 X – 20	
G40 Y50	取消刀补
G00 Z100 M09	快速抬刀,关闭冷却液
M05	主轴停止
M30	程序结束并返回

2. 加工程序(SIEMENS – 802S 系统)

ABC421	主程序(加工平面)
G54 M03 S600(粗)/S1200(精)	以工件中心上平面为程序原点,设定主轴转速
G00 Z20 M08	快速移到安全高度,打开冷却液
G00 X50 Y40	快速移到加工起点
G00 Z2	快速下刀
G01 Z0 F120	下刀
L1421 P3	调用子程序加工平面
G00 Z100 M09	快速抬刀,关闭冷却液
M05	主轴停止
M30	程序结束并返回

L1421	子程序
G01 G91 X − 90	采用增量坐标,往 X 方向加工 − 90
Y − 14	采用增量坐标,往 Y 方向加工 − 14
X90	采用增量坐标,往 X 方向加工 90
Y − 14	采用增量坐标,往 Y 方向加工 − 14
M17	子程序结束
ABC422	主程序（加工 60 mm × 60 mm 外形）
G54 M03 S600（粗）/S1200（精）	以工件中心上平面为程序原点,设定主轴转速
G00 Z20 M08	快速移到安全高度,打开冷却液
G00 X50 Y − 50	快速移到加工起点
G41 Y − 30 D01	建立左刀补
G00 Z − 8	快速下刀（工件外面）
G01 X20 F60	切线切入
X − 20	加工工件
G03 X − 30 Y − 20 CR = 10	
G01 Y20	
G03 X − 20 Y30 CR = 10	
G01 X20	
G03 X30 Y20 CR = 10	
G01 Y − 20	
G03 X20 Y − 30 CR = 10	
G01 X10	
G40 Y − 50	取消刀补
G00 Z100 M09	快速抬刀,关闭冷却液
M05	主轴停止
M30	程序结束并返回
ABC423	主程序（加工 φ44 mm 外圆）
G54 M03 S600（粗）/S1200（精）	以工件中心上平面为程序原点,设定主轴转速
G00 Z20 M08	快速移到安全高度,打开冷却液
G00 X50 Y − 40	快速移到加工起点
G41 Y − 22 D01	建立左刀补
G00 Z − 5	快速下刀（工件外面）
G01 X0 F80（粗）/F60（精）	切线切入
G02 X0 Y − 22 I0 J22	加工工件
G40 Y − 50	取消刀补
G00 Z100 M09	快速抬刀,关闭冷却液
M05	主轴停止
M30	程序结束并返回
ABC424	主程序（加工双鱼）
G54 M03 S600（粗）/S1200（精）	以工件中心上平面为程序原点,设定主轴转速

G00 Z20 M08	快速移到安全高度,打开冷却液
G00 X50 Y－50	快速移到加工起点
G41 Y－30 D01	建立左刀补
G00 Z－2	快速下刀(工件外面)
G01 X10 F120(粗)/F60(精)	切线切入
G02 X－20 Y0 CR＝30	加工工件
G02 X0 Y0 CR＝10	
G03 X20 Y0 CR＝10	
G03 X－10 Y－30 CR＝30	
G01 X－20	
G40 Y50	取消刀补
G00 Z100 M09	快速抬刀,关闭冷却液
M05	主轴停止
M30	程序结束并返回

八、加工要求及评分标准

中级训练项目(二)的加工要求及评分标准见表4.4。

表4.4　中级训练项目(二)评分表

工件编号			4.2				
项目与配分		序号	技术要求	配分	评分标准	检查记录	得分
工件加工评分(70分)	60 mm×60 mm 外形	1	60±0.05(两处)	10×2	超差全扣		
		2	10	3	超差全扣		
		3	$R_a6.3$ μm	2	超差全扣		
	$\phi44$ mm 外圆	4	$\phi44^0_{-0.05}$	10	超差全扣		
		5	13	3	超差全扣		
		6	$R_a6.3$ μm	2	超差全扣		
	双鱼	7	$R10$、$R30$	15	每错一处扣8分		
	平面	8	2	3	超差全扣		
		9	$R_a6.3$ μm	2	超差全扣		
		10	$R_a3.2$ μm	5	超差全扣		
	其他	11	工件无缺陷	5	缺陷一处扣2分		
程序与工艺(20分)		12	加工工艺卡	10	不合理一处扣2分		
		13	程序正确合理	10	每错一处扣2分		
机床操作(10分)		14	机床操作规范	5	出错一次扣2分		
		15	工件、刀具装夹	5	出错一次扣2分		
安全文明生产		16	安全操作	倒扣	安全事故扣5~30分		
		17	机床整理	倒扣			

项目4.3 数控铣床旋转指令的运用

一、训练任务(计划学时:4)

加工如图 4.4 所示工件,毛坯为 100 mm×100 mm×16 mm 六面已加工的 45 钢,试编写其加工工艺卡和加工程序并加工零件。

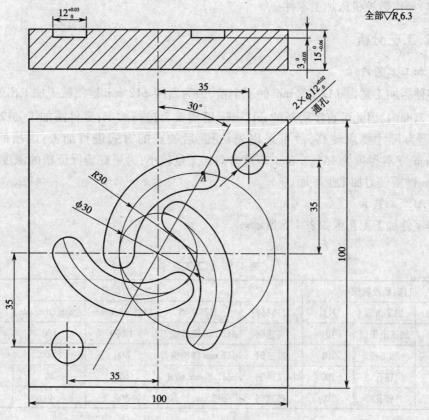

图 4.4 中级训练项目(三)

A(17.27,29.91)

二、能力目标、知识目标

掌握旋转指令的运用。

三、加工准备

(1)选用机床:TK7650A 数控铣床(FANUC 0i Mate - MB 系统)或 ZK7640 数控铣床(SIEMENS - 802S 系统)或 HMDI - 21M 数控铣床(华中世纪星系统)。

(2)选用夹具:精密平口钳。

(3)使用毛坯:100 mm×100 mm×16 mm 的 45 钢,六面已加工。

(4)工具、量具、刀具参照备注配备。

四、训练步骤

(1)分析零件(图4.4)铣削加工起刀点、换刀点、加工切入点及走刀路线并编写加工工艺。

(2)编写零件加工程序。

(3)输入程序并检验。

(4)操作数控机床加工零件。

五、工艺分析

1.加工工艺内容

零件需加工宽为 $\phi 12_0^{+0.03}$ mm 的三个槽,因为新的 $\phi 12$ mm 键槽铣刀加工出的槽正好在尺寸范围内,因此可直接用新的 $\phi 12$ mm 键槽铣刀进行加工;零件需加工 $\phi 12_0^{+0.02}$ mm 的孔,因为尺寸要求较高,故可采用先钻孔、后铰孔的方式进行加工;因槽的深度为 $3_{-0.05}^0$ mm,工件厚度为 $15_{-0.06}^0$ mm,厚度方向加工量较小,为更好地保证槽的深度,故采用 $\phi 12$ mm 键槽铣刀加工上平面。

2.加工工艺卡

本零件加工工艺卡如表4.5所示。

表4.5 加工工艺卡

机床:数控铣床			加工数据表				
工序	加工内容	刀具	刀具材料	刀具类型	主轴转速(r/min)	进给量(mm/min)	半径补偿
1	加工上平面	T01	高速钢	$\phi 12$ mm 键槽铣刀	1 000	100	无
2	加工槽	T01	高速钢	$\phi 12$ mm 键槽铣刀	800	60	无
3	钻孔	T02	高速钢	$\phi 11.8$ mm 钻花	600	80	无
4	铰孔	T03	高速钢	$\phi 12$ mm 铰刀	300	40	无

3.走刀路径

因采用 $\phi 12$ mm 键槽铣刀加工 12 mm 宽、3 mm 深的槽,所以可从槽的右上角直接下刀进行加工。三个槽绕原点均匀分布,故可采用旋转指令进行加工。

六、支撑知识

1.FANUC 0i Mate – MB 系统的图形旋转

编程格式

G68 X __ Y __ R __   坐标系开始旋转

…   坐标系旋转方式的程序段

G69   坐标系旋转取消

其中   X __ Y __——旋转中心的绝对坐标值,如省略(X,Y),则以程序原点为旋转中心;

R——旋转角度,"+"逆时针旋转,"-"顺时针旋转。

注:坐标系旋转取消指令(G69)之后的第一个移动指令必须用绝对值编程。

2. SIEMENS-802S 系统的图形旋转

编程格式

G158 X __ Y __	可编程的零点偏置,取消以前的偏置和旋转,确定旋转中心
G258 RPL =	可编程的旋转,取消以前的偏置和旋转
G259 RPL =	附加的可编程旋转
…	坐标系旋转方式的程序段
G158	坐标系偏置和旋转取消

其中 X __ Y __——可编程零点偏移坐标,即旋转中心的坐标值;

RPL =——旋转角度,"+"逆时针旋转、"-"顺时针旋转。

注:G158,G258,G259 指令各自要求一个独立的程序段。

编程举例(参见图4.5)

N10 G17	X/Y 平面
N20 G158 X28 Y24	零点偏置,确定旋转中心
N30 G259 RPL = 20	附加坐标旋转 20 度
N40 L10	子程序调用
N50 G158	取消偏置和旋转

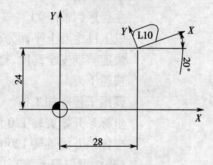

图4.5 可编程的坐标轴旋转

3. 华中世纪星系统的图形旋转

编程格式

G68 X __ Y __ P __	坐标系开始旋转
…	坐标系旋转方式的程序段
G69	坐标系旋转取消

其中 X __ Y __——旋转中心的坐标值,采用 G90 表示旋转中心在工件坐标系中的坐标,G91 表示旋转中心相对当前的坐标;

P——旋转角度,"+"逆时针旋转,"-"顺时针旋转。

注:在有刀具半径补偿的情况下,使用旋转指令时,最好先旋转后建立刀补;轮廓加工完成后,最好先取消刀补后取消旋转,即在子程序中建立和取消刀补。

七、加工程序

1. 加工程序（FANUC 0i Mate – MB 系统、华中世纪星系统）

O0431	主程序（加工平面）
G54 M03 S1000	以工件中心上平面为程序原点,设定主轴转速
G00 Z20 M08	快速移到安全高度,打开冷却液
G00 X60 Y50	快速移到加工起点
G00 Z2	快速下刀
G01 Z0 F100	下刀
M98 P1431 L5	调用子程序加工平面
G90 G00 Z100 M09	快速抬刀,关闭冷却液
M05	主轴停止
M30	程序结束并返回
O1431	子程序
G01 G91 X – 110	采用增量坐标,往 X 方向加工 – 110
Y – 11	采用增量坐标,往 Y 方向加工 – 11
X110	采用增量坐标,往 X 方向加工 110
Y – 11	采用增量坐标,往 Y 方向加工 – 11
M99	子程序结束
O0432	主程序（加工槽）
G54 M03 S800	以工件中心上平面为程序原点,设定主轴转速
G00 Z20 M08	快速移到安全高度,打开冷却液
G00 Z2	快速下刀
M98 P1432	调用子程序加工槽
G68 X0 Y0 R120	坐标系开始旋转 120 度
G68 X0 Y0 P120	坐标系开始旋转 120 度
	（华中世纪星系统）
M98 P1432	调用子程序加工槽
G69	取消旋转
G68 X0 Y0 R240	坐标系开始旋转 240 度
G68 X0 Y0 P240	坐标系开始旋转 240 度
	（华中世纪星系统）
M98 P1432	调用子程序加工槽
G69	取消旋转
G00 Z100 M09	快速抬刀,关闭冷却液
M05	主轴停止
M30	程序结束并返回
O1432	子程序
G00 X12. 27 Y29. 91	快速移到加工起点

G01 Z–3 F60	下刀
G03 X–15 Y0 R30	加工槽
G00 Z2	抬刀
M99	子程序结束
O00433	主程序(钻 ϕ11.8 mm 孔)
G54 M03 S600	以工件中心上平面为程序原点,设定主轴转速
G00 Z20 M08	快速移到安全高度,打开冷却液
G83 X35 Y35 Z–18 R3 Q8 F80	调用深孔钻削循环指令钻 ϕ11.8 mm 孔1
G83 X35 Y35 Z–18 R3 Q–8 F80	调用深孔钻削循环指令钻 ϕ11.8 mm 孔1
	(华中世纪星系统)
X–35 Y–35	钻 ϕ11.8 mm 孔2
G00 Z100 M09	快速抬刀,关闭冷却液
M05	主轴停止
M30	程序结束并返回
O00434	主程序(铰 $\phi12_0^{+0.02}$ mm 孔)
G54 M03 S300	以工件中心上平面为程序原点,设定主轴转速
G00 Z20 M08	快速移到安全高度,打开冷却液
G81 X35 Y35 Z–18 R3 F40	调用钻孔循环指令铰 $\phi12_0^{+0.02}$ mm 孔1
X–35 Y–35	铰 $\phi12_0^{+0.02}$ mm 孔2
G00 Z100 M09	快速抬刀,关闭冷却液
M05	主轴停止
M30	程序结束并返回

2.加工程序(SIEMENS–802S 系统)

ABC431	主程序(加工平面)
G54 M03 S1000	以工件中心上平面为程序原点,设定主轴转速
G00 Z20 M08	快速移到安全高度,打开冷却液
G00 X60 Y50	快速移到加工起点
G00 Z2	快速下刀
G01 Z0 F100	下刀
L1431 P5	调用子程序加工平面
G90 G00 Z100 M09	快速抬刀,关闭冷却液
M05	主轴停止
M30	程序结束并返回
L1431	子程序
G01 G91 X–110	采用增量坐标,往 X 方向加工 –110
Y–11	采用增量坐标,往 Y 方向加工 –11
X110	采用增量坐标,往 X 方向加工 110
Y–11	采用增量坐标,往 Y 方向加工 –11
M17	子程序结束

ABC432	主程序(加工槽)
G54 M03 S800	以工件中心上平面为程序原点,设定主轴转速
G00 Z20 M08	快速移到安全高度,打开冷却液
G00 Z2	快速下刀
L1432	调用子程序加工槽
G258 RPL = 120	坐标系开始旋转120度
L1432	调用子程序加工槽
G69	取消旋转
G258 RPL = 240	坐标系开始旋转240度
L1432	调用子程序加工槽
G158	取消旋转
G00 Z100 M09	快速抬刀,关闭冷却液
M05	主轴停止
M30	程序结束并返回
L1432	子程序
G00 X12. 27 Y29. 91	快速移到加工起点
G01 Z − 3 F60	下刀
G03 X − 15 Y0 CR = 30	加工槽
G00 Z2	抬刀
M17	子程序结束
ABC362	主程序(钻 $\phi11.8$ mm 孔)
G54 M03 S500 F80	以工件中心上平面为程序原点,设定主轴转速 和进给速度
G00 Z20 M08	快速移到安全高度,打开冷却液
G00 X35 Y35	快速移到孔1位置
R101 = 4 R102 = 1 R103 = 0	设定参数
R104 = − 18　R105 = 0 R107 = 80	设定参数
R108 = 80 R109 = 0 R110 = − 6	设定参数
R111 = 5 R127 = 0	设定参数
LCYC83	调用深孔钻削循环指令钻孔1
X − 35 Y − 35	钻孔2
G00 Z100 M09	快速抬刀,关闭冷却液
M05	主轴停止
M30	程序结束并返回
ABC367	主程序(铰 $\phi12_0^{+0.02}$ mm 孔)
G54 M03 S300 F40	以工件中心上平面为程序原点,设定主轴转速 和进给速度
G00 Z20 M08	快速移到安全高度,打开冷却液
G00 X35 Y35	快速移到孔2位置

R101 = 4 R102 = 1 R103 = 0	设定参数
R104 = −18 R105 = 0	设定参数
LCYC82	调用钻孔循环指令铰 $\phi 12_0^{+0.02}$ mm 孔 1
X −35 Y −35	铰 $\phi 12_0^{+0.02}$ mm 孔 2
G00 Z100 M09	快速抬刀,关闭冷却液
M05	主轴停止
M30	程序结束并返回

八、加工要求及评分标准

中级训练项目(三)的加工要求及评分标准见表4.6。

表4.6 中级训练项目(三)评分表

工件编号			4.4				
项目与配分		序号	技术要求	配分	评分标准	检查记录	得分
工件加工评分(70分)	槽	1	$12_0^{+0.03}$(3 处)	15×3	每错一处扣10分		
		2	$3_{-0.05}^{0}$	5	超差全扣		
		3	$R_a6.3\ \mu m$	5	超差全扣		
	孔	4	$\phi 12_0^{+0.02}$(2 处)	10	每错一处扣5分		
	其他	5	工件无缺陷	5	缺陷一处扣2分		
程序与工艺(20分)		6	加工工艺卡	10	不合理一处扣2分		
		7	程序正确合理	10	每错一处扣2分		
机床操作(10分)		8	机床操作规范	5	出错一次扣2分		
		9	工件、刀具装夹	5	出错一次扣2分		
安全文明生产		10	安全操作	倒扣	安全事故扣5~30分		
		11	机床整理	倒扣			

项目4.4 数控铣床镜像指令的运用

一、训练任务(计划学时:4)

加工如图4.6所示工件,毛坯为 86 mm × 86 mm × 16 mm 的45 钢,试编写其加工工艺卡和加工程序并加工零件。

二、能力目标、知识目标

掌握镜像编程指令的运用。

三、加工准备

(1)选用机床:TK7650A 数控铣床(FANUC 0i Mate − MB 系统)或 HMDI − 21M 数控

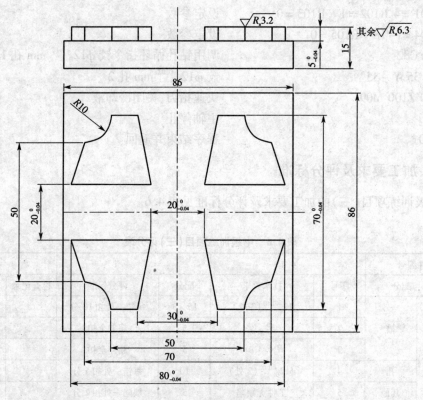

图 4.6 中级训练项目(四)

铣床(华中世纪星系统)。

(2)选用夹具:精密平口钳。

(3)使用毛坯:86 mm×86 mm×16 mm 的 45 钢,六面已加工。

(4)工具、量具、刀具参照备注配备。

四、训练步骤

(1)分析零件(图 4.6)铣削加工起刀点、换刀点、加工切入点及走刀路线并编写加工工艺。

(2)编写零件加工程序。

(3)输入程序并检验。

(4)操作数控机床加工零件。

五、工艺分析

1.加工工艺内容

零件只需加工 4 个高为 $5_{-0.04}^{0}$ mm 的凸台,凸台凹圆弧最小半径为 10 mm,故可采用 $\phi16$ mm 立铣刀进行加工。因上平面表面结构为 3.2 μm,凸台高度为 $5_{-0.04}^{0}$ mm,为保证凸台高度可直接采用 $\phi16$ mm 立铣刀加工上平面。

2.加工工艺卡

本零件加工工艺卡如表 4.7 所示。

表4.7 加工工艺卡

机床:数控铣床					加工数据表		
工序	加工内容	刀具	刀具材料	刀具类型	主轴转速(r/min)	进给量(mm/min)	半径补偿(mm)
1	加工上平面	T01	高速钢	ϕ16 mm 立铣刀	1 000	100	无
2	粗加工凸台	T01	高速钢	ϕ16 mm 立铣刀	600	80	16.4
3	精加工凸台	T01	高速钢	ϕ16 mm 立铣刀	1 200	80	测量后计算

3. 走刀路径

采用 ϕ16 mm 立铣刀加工所有凸台,刀具建立刀补后,在工件外直接下刀,然后沿切线切入加工外轮廓。加工右上角凸台:补偿点可定在(60,35),加工起点定在(60,50),采用右刀补进行加工。其他凸台与右上角凸台成对称分布,故可采用镜像指令进行加工。

六、支撑知识

1. FANUC 0i Mate – MB 系统图形的可编程镜像

编程格式

G51.1　X __ Y __	设置可编程镜像
…	镜像前原始图形的程序段
…	一般采用调用子程序方式
M98　P __	
G50.1　X __ Y __	取消可编程镜像

其中　X __ Y __——可编程镜像的对称中心。

2. 华中世纪星系统图形的可编程镜像

编程格式

G24　X __ Y __	设置可编程镜像
…	镜像前原始图形的程序段
…	一般采用调用子程序方式
M98　P __	
G25　X __ Y __	取消可编程镜像

其中　X __ Y __——可编程镜像的对称中心。

注:在有刀具半径补偿的情况下,使用镜像指令时,最好先镜像后建立刀补;轮廓加工完成后,最好先取消刀补后取消镜像,即在子程序中建立和取消刀补。

七、加工程序

加工程序(FANUC 0i Mate – MB 系统、华中世纪星系统)

O0441	主程序(加工平面)
G54 M03 S1000	以工件中心上平面为程序原点,设定主轴转速
G00 Z20 M08	快速移到安全高度,打开冷却液
G00 X60 Y50	快速移到加工起点
G00 Z2	快速下刀
G01 Z0 F100	下刀

M98 P1441 L4	调用子程序加工平面
G90 G00 Z100 M09	快速抬刀,关闭冷却液
M05	主轴停止
M30	程序结束并返回
O1441	子程序
G01 G91 X −110	采用增量坐标,往 X 方向加工 −110
Y −15	采用增量坐标,往 Y 方向加工 −15
X110	采用增量坐标,往 X 方向加工 110
Y −15	采用增量坐标,往 Y 方向加工 −15
M99	子程序结束
O0442	主程序(加工凸台)
G54 M03 S600(粗)/1200(精)	以工件中心上平面为程序原点,设定主轴转速
G00 Z20 M08	快速移到安全高度,打开冷却液
G00 X60 Y50	快速移到加工起点
G00 Z2	快速下刀
M98 P1442	调用子程序加工右上角凸台
G51.1 X0	Y 轴镜像
G24 X0	Y 轴镜像(华中世纪星系统)
M98 P1442	调用子程序加工左上角凸台
G50.1 X0	取消镜像
G25 X0	取消镜像(华中世纪星系统)
G51.1 X0 Y0	原点镜像
G24 X0 Y0	原点镜像(华中世纪星系统)
M98 P1442	调用子程序加工左下角凸台
G50.1 X0 Y0	取消镜像
G25 X0 Y0	取消镜像(华中世纪星系统)
G51.1 Y0	X 轴镜像
G24 Y0	X 轴镜像(华中世纪星系统)
M98 P1442	调用子程序加工右下角凸台
G50.1 Y0	取消镜像
G25 Y0	取消镜像(华中世纪星系统)
G00 Z100 M09	快速抬刀,关闭冷却液
M05	主轴停止
M30	程序结束并返回
O1442	子程序
G00 X60 Y50	快速移到加工起点
G42 Y35 D01	建立刀补
G01 Z −5 F80	下刀
G01 X25	加工工件
G01 X15	

```
G01 X10 Y10
G01 X40
G01 X35 Y25
G02 X25 Y35 R10
G01 X20
G00 Z2                          抬刀
G40 Y50                         取消刀补
M99                             子程序结束
O1443                           主程序(去余料)
G54 M03 S600                    以工件中心上平面为程序原点,设定主轴转速
G00 Z20 M08                     快速移到安全高度,打开冷却液
G00 X60 Y44                     快速移到加工起点
G00 Z2                          快速下刀
G01 Z-5 F80                     下刀
G01 X-60                        去余料
G01 Y-44
G01 X60
G00 Z100 M09                    快速抬刀,关闭冷却液
M05                             主轴停止
M30                             程序结束并返回
```

八、加工要求及评分标准

中级训练项目(四)的加工要求及评分标准见表4.8。

表4.8 中级训练项目(四)评分表

工件编号				4.6				
项目与配分		序号	技术要求		配分	评分标准	检查记录	得分
工件加工评分(70分)	凸台	1	$80^{0}_{-0.04}$、50、70、 $30^{0}_{-0.04}$、$20^{0}_{-0.04}$		20	每错一处扣5分		
		2	$70^{0}_{-0.04}$、50、$20^{0}_{-0.04}$		20	每错一处扣5分		
		3	$5^{0}_{-0.04}$		10	超差全扣		
		4	R10		10	每错一处扣3分		
		5	$R_a3.2\ \mu m$		5	超差全扣		
	其他	6	工件无缺陷		5	缺陷一处扣2分		
程序与工艺(20分)		7	加工工艺卡		10	不合理一处扣2分		
		8	程序正确合理		10	每错一处扣2分		
机床操作(10分)		9	机床操作规范		5	出错一次扣2分		
		10	工件、刀具装夹		5	出错一次扣2分		
安全文明生产		11	安全操作		倒扣	安全事故扣5~30分		
		12	机床整理		倒扣			

项目4.5 数控铣床平移指令的运用

一、训练任务(计划学时:4)

加工如图 4.7 所示工件,毛坯为 100 mm × 100 mm × 18 mm 的 45 钢,试编写其加工工艺卡和加工程序。

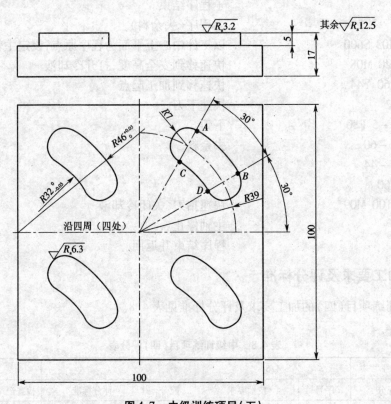

图 4.7 中级训练项目(五)

$A(23,39.84)$; $B(39.84,23)$; $C(16,27.71)$; $D(27.71,16)$

二、能力目标、知识目标

掌握坐标系平移指令的运用。

三、加工准备

(1)选用机床:TK7650A 数控铣床(FANUC 0i Mate – MB 系统)或 ZK7640 数控铣床(SIEMENS – 802S 系统)。

(2)选用夹具:精密平口钳。

(3)使用毛坯:100 mm × 100 mm × 18 mm 的 45 钢,六面已加工。

(4)工具、量具、刀具参照备注配备。

四、训练步骤

(1)分析零件(图4.7)铣削加工起刀点、换刀点、加工切入点及走刀路线并编写加工工艺。

(2)编写零件加工程序。

(3)输入程序并检验。

(4)操作数控机床加工零件。

五、工艺分析

1.加工工艺内容

零件只需加工4个高为5 mm的凸台,凸台凹圆弧最小半径为32 mm,故可采用 ϕ16 mm立铣刀进行加工。因上平面表面结构为3.2 μm,为了加工方便可直接采用 ϕ16 mm立铣刀加工上平面。

2.加工工艺卡

本零件加工工艺卡如表4.9所示。

表4.9 加工工艺卡

机床:数控铣床			加工数据表				
工序	加工内容	刀具	刀具材料	刀具类型	主轴转速(r/min)	进给量(mm/min)	半径补偿(mm)
1	加工上平面	T01	高速钢	ϕ16 mm 立铣刀	1 000	100	无
2	粗加工凸台	T01	高速钢	ϕ16 mm 立铣刀	600	80	16.4
3	精加工凸台	T01	高速钢	ϕ16 mm 立铣刀	1 200	50	测量后计算

3.走刀路径

采用 ϕ16 mm立铣刀加工所有凸台,为方便下刀,先沿 X 轴加工出一条宽16 mm、深5 mm的槽,再沿工件下边加工出5 mm深的台阶,如图4.8所示。

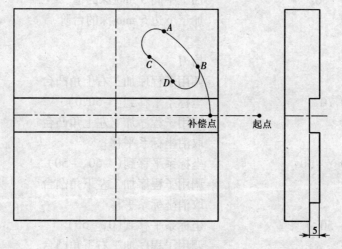

图4.8 加工轨迹图

加工右上角凸台:补偿点可定在(46,0),加工起点定在(70,0),采用右刀补进行加工。加工轨迹为:从起刀点到补偿点建立刀补,然后下刀到"Z−5",再切入到 B 点,到 A 点,到 C 点,到 D 点,到 B 点,到 A 点,最后抬刀取消刀补,如图 4.8 所示。其他凸台与右上角凸台位置不同但形状相同,故可采用坐标系平移指令进行加工。

六、支撑知识

1. FANUC 0i Mate − MB 系统的坐标系平移

编程格式

G52 X ＿ Y ＿	确定坐标系平移位置
…	坐标系平移的程序段
G52	坐标系平移取消

2. SIEMENS − 802S 系统的坐标系平移

编程格式

G158 X ＿ Y ＿	可编程的零点偏置,取消以前的偏置和旋转,确定坐标系平移位置
…	坐标系平移的程序段
G158	坐标系平移取消

七、加工程序

1. 加工程序(FANUC 0i Mate − MB 系统)

O0451(加工平面)与 O0441 相同

O0452	主程序(加工凸台)
G54 M03 S600(粗)/1200(精)	以工件中心上平面为程序原点,设定主轴转速
G00 Z20 M08	快速移到安全高度,打开冷却液
G00 X70 Y0	快速移到加工起点
G00 Z − 5	快速下刀
G01 X − 70 F80	加工中间 5 mm 深的槽
G00 Y − 50	加工下边 5 mm 深的台阶
G01 X60	
G00 Z2	抬刀
M98 P1452	调用子程序加工右上角凸台
G52 X − 50 Y0	坐标系平移到(− 50,0)
M98 P1452	调用子程序加工左上角凸台
G52	取消坐标系平移
G52 X − 50 Y − 50	坐标系平移到(− 50, − 50)
M98 P1452	调用子程序加工左下角凸台
G52	取消坐标系平移
G52 X0 Y − 50	坐标系平移到(0, − 50)
M98 P1452	调用子程序加工右下角凸台
G52	取消坐标系平移

G00 Z100 M09	快速抬刀,关闭冷却液
M05	主轴停止
M30	程序结束并返回
O1452	子程序
G00 X70 Y0	快速移到加工起点
G42 X46 Y0 D01	建立刀补
G01 Z - 5 F80	下刀
G03 X39. 84 Y23 R46	加工工件
G03 X23 Y39. 84 R46	
G03 X16 Y27. 71 R7	
G02 X27. 71 Y16 R32	
G03 X39. 84 Y23 R7	
G00 Z2	抬刀
G40 X50	取消刀补
M99	子程序结束

2. 加工程序(SIEMENS - 802S 系统)

ABC451	主程序(加工平面)
G54 M03 S1000	以工件中心上平面为程序原点,设定主轴转速
G00 Z20 M08	快速移到安全高度,打开冷却液
G00 X60 Y50	快速移到加工起点
G00 Z2	快速下刀
G01 Z0 F100	下刀
L1441 P4	调用子程序加工平面
G90 G00 Z100 M09	快速抬刀,关闭冷却液
M05	主轴停止
M30	程序结束并返回
L1441	子程序
G01 G91 X - 110	采用增量坐标,往 X 方向加工 - 110
Y - 15	采用增量坐标,往 Y 方向加工 - 15
X110	采用增量坐标,往 X 方向加工 110
Y - 15	采用增量坐标,往 Y 方向加工 - 15
M17	子程序结束
ABC452	主程序(加工凸台)
G54 M03 S600(粗)/1200(精)	以工件中心上平面为程序原点,设定主轴转速
G00 Z20 M08	快速移到安全高度,打开冷却液
G00 X70 Y0	快速移到加工起点
G00 Z - 5	快速下刀
G01 X - 70	加工中间 5 mm 深的槽
G00 Y - 50	加工下边 5 mm 深的台阶

G01 X60	
G00 Z2	抬刀
L1452	调用子程序加工右上角凸台
G158 X – 50 Y0	坐标系平移到(– 50,0)
L1452	调用子程序加工左上角凸台
G158 X – 50 Y – 50	坐标系平移到(– 50, – 50)
L1452	调用子程序加工左下角凸台
G158 X0 Y – 50	坐标系平移到(0, – 50)
L1452	调用子程序加工右下角凸台
G158	取消坐标系平移
G00 Z100 M09	快速抬刀,关闭冷却液
M05	主轴停止
M30	程序结束并返回
L1452	子程序
G00 X70 Y0	快速移到加工起点
G42 X46 Y0 D01 T1	选择 1 号刀具,建立刀补
G01 Z – 5 F80	下刀
G03 X39. 84 Y23 CR = 46	圆弧切入
G03 X23 Y39. 84 CR = 46	加工工件
G03 X16 Y27. 71 CR = 7	
G02 X27. 71 Y16 CR = 32	
G0 3 X39. 84 Y23 CR = 7	
G00 Z2	抬刀
G40 X50	取消刀补
M17	子程序结束

八、加工要求及评分标准

中级训练项目(五)的加工要求及评分标准见表 4.10。

表 4.10   中级训练项目(五)评分表

工件编号			4.7				
项目与配分		序号	技术要求	配分	评分标准	检查记录	得分
工件加工评分(70 分)	凸台	1	$R32^{0}_{-0.03}$、$R46^{+0.03}_{0}$	20	每错一处扣 5 分		
		2	30°	10	每错一处扣 5 分		
		3	5	10	超差全扣		
		4	$R7$、$R39$	15	每错一处扣 5 分		
		5	$R_a 3.2\ \mu m$、$R_a 6.3\ \mu m$	10	每错一处扣 5 分		
	其他	6	工件无缺陷	5	缺陷一处扣 2 分		

续表

工件编号		4.7				
项目与配分	序号	技术要求	配分	评分标准	检查记录	得分
程序与工艺(20分)	7	加工工艺卡	10	不合理一处扣2分		
	8	程序正确合理	10	每错一处扣2分		
机床操作(10分)	9	机床操作规范	5	出错一次扣2分		
	10	工件、刀具装夹	5	出错一次扣2分		
安全文明生产	11	安全操作	倒扣	安全事故扣5~30分		
	12	机床整理	倒扣			

项目4.6 数控铣削综合类零件(复杂)加工

一、训练任务(计划学时:4)

加工如图4.9所示工件,毛坯为80 mm×80 mm×16 mm的45钢,试编写其加工工艺卡和加工程序。

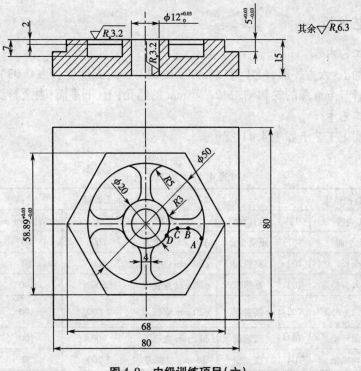

图4.9 中级训练项目(六)

$A(23.419, -8.75)$;$B(18.735, -2)$;$C(13.266, -2)$;$D(8.844, -4.667)$

二、能力目标、知识目标

(1)能正确编写较复杂零件的加工工艺和确定零件的走刀路径。

(2)能正确编写较复杂零件的加工程序。

三、加工准备

(1)选用机床:TK7650A 数控铣床(FANUC 0i Mate – MB 系统)或 ZK7640 数控铣床(SIEMENS – 802S 系统)或 HMDI – 21M 数控铣床(华中世纪星系统)。

(2)选用夹具:精密平口钳。

(3)使用毛坯:80 mm×80 mm×16 mm 的 45 钢,六面已加工。

(4)工具、量具、刀具参照备注配备。

四、训练步骤

(1)分析零件(图 4.9)铣削加工起刀点、换刀点、加工切入点及走刀路线并编写加工工艺。

(2)编写零件加工程序。

(3)输入程序并检验。

(4)操作数控机床加工零件。

五、工艺分析

1. 加工工艺内容

工件需加工:六方外形,尺寸为(58.98 ± 0.03) mm,深度为(5 ± 0.03) mm;2 mm 深的圆环槽;4 个 7 mm 深的轮辐槽;$\phi 12_0^{+0.03}$ mm 的通孔;上、下平面;去余料。

2. 加工工艺卡

本零件加工工艺卡如表 4.11 所示。

表 4.11 加工工艺卡

机床:数控铣床			加工数据表				
工序	加工内容	刀具	刀具材料	刀具类型	主轴转速(r/min)	进给量(mm/min)	半径补偿(mm)
1	铣上平面	T01	硬质合金	$\phi 50$ mm 面铣刀	800	80	无
2	去余料	T02	高速钢	$\phi 20$ mm 立铣刀	600	80	无
3	粗加工六方外形	T02	高速钢	$\phi 20$ mm 立铣刀	600	100	D01(20.4)
4	精加工六方外形	T02	高速钢	$\phi 20$ mm 立铣刀	1 000	100	D01(粗加工后测量计算)
5	加工圆环槽	T03	高速钢	$\phi 12$ mm 立铣刀	800	100	无
6	加工轮辐槽	T04	高速钢	$\phi 6$ mm 立铣刀	1 200	30	D02(6.0)
7	钻 $\phi 11.8$ mm 的孔	T05	高速钢	$\phi 11.8$ mm 钻花	450	40	无
8	加工 $\phi 12_0^{+0.03}$ mm 的通孔	T06	高速钢	$\phi 12$ mm 铰刀	120	20	无

3.走刀路径

以工件上平面的中心为工件原点,加工六方外形时采用沿六方形的延长线切入和切出;加工 2 mm 深的圆环槽时采用螺旋下刀;采用旋转指令加工 4 个 7 mm 深的轮辐槽,加工时采用圆弧切入和切出,并采用螺旋下刀,分层加工。

六、加工程序

1. 加工程序(FANUC 0i Mate – MB 系统、华中世纪星系统)

O0461	主程序(加工平面)
G54 M03 S800	以工件中心上平面为程序原点,设定主轴转速
G00 Z20 M08	快速移到安全高度,打开冷却液
G00 X70 Y20	快速移到加工起点
G00 Z2	快速下刀
G01 Z0 F80	下刀
G01 X40	加工平面
G01 Y – 20	
G01 X60	
G00 Z100 M09	快速抬刀,关闭冷却液
M05	主轴停止
M30	程序结束并返回
O0462	主程序(去余料)
G54 M03 S600	以工件中心上平面为程序原点,设定主轴转速
G00 Z20 M08	快速移到安全高度,打开冷却液
G00 X60 Y0	快速移到加工起点
G00 Z – 5	快速下刀
G01 X47 F80	去余料
G01 X29 Y42	
G01 X – 29	
G01 X – 47 Y0	
G01 X – 29 Y – 42	
G01 X29	
G01 X47 Y0	
G00 Z100 M09	快速抬刀,关闭冷却液
M05	主轴停止
M30	程序结束并返回
O0463	主程序(加工外形)
G54 M03 S600	以工件中心上平面为程序原点,设定主轴转速
G00 Z20 M08	快速移到安全高度,打开冷却液
G00 X40 Y – 50	快速移到加工起点
G00 Z2	快速下刀

G41 Y－29.445 D02	建立刀补
G01 Z－5 F100	下刀
G01 X17	加工外形
G01 X－17	
G01 X－34 Y0	
G01 X－17 Y29.445	
G01 X17	
G01 X34 Y0	
G01 X17 Y－29.445	
G01 X10	
G40 Y－40	取消刀补
G00 Z100 M09	快速抬刀,关闭冷却液
M05	主轴停止
M30	程序结束并返回
O0464	主程序(加工圆环槽)
G54 M03 S600	以工件中心上平面为程序原点,设定主轴转速
G00 Z20 M08	快速移到安全高度,打开冷却液
G00 X19 Y0	快速移到加工起点
G00 Z2	快速下刀
G01 Z0 F100	下刀
G02 X19 Y0 Z－2 I－19 J0	加工圆环槽
G02 X19 Y0 I－19 J0	
G01 X16	
G02 X16 Y0 I－16 J0	
G00 Z100 M09	快速抬刀,关闭冷却液
M05	主轴停止
M30	程序结束并返回
O0464	主程序(加工轮辐槽)
G54 M03 S1200	以工件中心上平面为程序原点,设定主轴转速
G00 Z20 M08	快速移到安全高度,打开冷却液
G00 X0 Y0	快速移到加工起点
G00 Z2	快速下刀
M98 P1465	调用子程序加工右上角轮辐槽
G68 R90	坐标系旋转90度
G68 X0 Y0 P90	坐标系开始旋转90度
	(华中世纪星系统)
M98 P1465	调用子程序加工左上角轮辐槽
G69	取消坐标系旋转
G68 R180	坐标系旋转180度

G68 X0 Y0 P180	坐标系开始旋转180度
	(华中世纪星系统)
M98 P1465	调用子程序加工左下角轮辐槽
G69	取消坐标系旋转
G68 R270	坐标系旋转270度
G68 X0 Y0 P270	坐标系开始旋转270度
	(华中世纪星系统)
M98 P1465	调用子程序加工右下角轮辐槽
G69	取消坐标系旋转
G00 Z100 M09	快速抬刀,关闭冷却液
M05	主轴停止
M30	程序结束并返回
O1465	一级子程序
G00 X0 Y0	快速移到加工起点
G41 Y25 D04	建立刀补
G03 X23.419 Y8.75 R25	圆弧切入
G01 Z−2 F50	下刀
G03 X8.75 Y23.419 Z−4 R25 F30	螺旋下刀
M98 P2465	调用子程序加工轮辐槽
G03 X8.75 Y23.419 Z−6 R25	螺旋下刀
M98 P2465	调用子程序加工轮辐槽
G03 X8.75 Y23.419 Z−7 R25	螺旋下刀
M98 P2465	调用子程序加工轮辐槽
G03 X8.75 Y23.419 R25	
G03 X2 Y18.735 R5	
G00 Z2	抬刀
G40 X0 Y0	取消刀补
M99	子程序结束
O2465	二级子程序
G03 X2 Y18.735 R5	加工轮辐槽
G01 Y12	
G03 X3.846 Y9.231 R3	
G02 X9.231 Y3.846 R10	
G03 X12 Y2 R3	
G01 X18.735	
G03 X23.419 Y8.75 R5	
M99	子程序结束
O0465	主程序(钻φ11.8 mm孔)
G54 M03 S600	以工件中心上平面为程序原点,设定主轴转速

G00 Z20 M08	快速移到安全高度,打开冷却液
G83 X0 Y0 Z－18 R3 Q8 F80	调用深孔钻削循环指令钻ϕ11.8 mm 孔
G83 X0 Y0 Z－18 R3 Q－8 F80	调用深孔钻削循环指令钻ϕ11.8 mm 孔 (华中世纪星系统)
G00 Z100 M09	快速抬刀,关闭冷却液
M05	主轴停止
M30	程序结束并返回
O0466	主程序(铰 $\phi12_0^{+0.03}$ mm 孔)
G54 M03 S300	以工件中心上平面为程序原点,设定主轴转速
G00 Z20 M08	快速移到安全高度,打开冷却液
G81 X0 Y0 Z－18 R3 F40	调用钻孔循环指令铰 $\phi12_0^{+0.03}$ mm 孔
G00 Z100 M09	快速抬刀,关闭冷却液
M05	主轴停止
M30	程序结束并返回

2. 加工程序(SIEMENS－802S 系统)

ABC461(加工平面)与 O0461 相同	
ABC462(去余料)与 O0462 相同	
ABC463(加工外形)与 O0463 相同	
ABC464(加工圆环槽)与 O0464 相同	
ABC465	主程序(加工轮辐槽)
G54 M03 S1200	以工件中心上平面为程序原点,设定主轴转速
G00 Z20 M08	快速移到安全高度,打开冷却液
G00 X0 Y0	快速移到加工起点
G00 Z2	快速下刀
L1465	调用子程序加工右上角轮辐槽
G258 RPL＝90	坐标系旋转90度
L1465	调用子程序加工左上角轮辐槽
G258 RPL＝180	坐标系旋转180度
L1465	调用子程序加工左下角轮辐槽
G258 RPL＝270	坐标系旋转270度
L1465	调用子程序加工右下角轮辐槽
G158	取消坐标系旋转
G00 Z100 M09	快速抬刀,关闭冷却液
M05	主轴停止
M30	程序结束并返回
L1465	一级子程序
G00 X0 Y0	快速移到加工起点
G41 Y25 D01 T4	选择4号刀具的1号刀补,建立刀补
G03 X23. 419 Y8. 75 CR＝25	圆弧切入

G01 Z – 2 F50	下刀
G03 X8. 75 Y23. 419 Z – 4 CR = 25 F30	螺旋下刀
L2465	调用子程序加工轮辐槽
G03 X8. 75 Y23. 419 Z – 6 CR = 25	螺旋下刀
L2465	调用子程序加工轮辐槽
G03 X8. 75 Y23. 419 Z – 7 CR = 25	螺旋下刀
L2465	调用子程序加工轮辐槽
G03 X8. 75 Y23. 419 CR = 25	
G03 X2 Y18. 735 CR = 5	
G00 Z2	抬刀
G40 X0 Y0	取消刀补
M17	子程序结束
L2465	二级子程序
G03 X2 Y18. 735 CR = 5	加工轮辐槽
G01 Y12	
G03 X3. 846 Y9. 231 CR = 3	
G02 X9. 231 Y3. 846 CR = 10	
G03 X12 Y2 CR = 3	
G01 X18. 735	
G03 X23. 419 Y8. 75 CR = 5	
M17	子程序结束
ABC466	主程序(钻 ϕ11. 8 mm 孔)
G54 M03 S500 F80	以工件中心上平面为程序原点,设定主轴转速和进给速度
G00 Z20 M08	快速移到安全高度,打开冷却液
G00 X0 Y0	快速移到孔 1 位置
R101 = 4 R102 = 1 R103 = 0	设定参数
R104 = – 18 R105 = 0 R107 = 80	设定参数
R108 = 80 R109 = 0 R110 = – 6	设定参数
R111 = 5 R127 = 0	设定参数
LCYC83	调用深孔钻削循环指令钻孔
G00 Z100 M09	快速抬刀,关闭冷却液
M05	主轴停止
M30	程序结束并返回
ABC467	主程序(铰 $\phi12_0^{+0.03}$ mm 孔)
G54 M03 S300 F40	以工件中心上平面为程序原点,设定主轴转速和进给速度
G00 Z20 M08	快速移到安全高度,打开冷却液
G00 X0 Y0	快速移到孔 2 位置

R101 = 4　R102 = 1　R103 = 0　　　　　设定参数
R104 = − 18　R105 = 0　　　　　　　　设定参数
LCYC82　　　　　　　　　　　　　　　　调用钻孔循环指令铰 $\phi 12_0^{+0.03}$ mm 孔
G00 Z100 M09　　　　　　　　　　　　快速抬刀,关闭冷却液
M05　　　　　　　　　　　　　　　　　　主轴停止
M30　　　　　　　　　　　　　　　　　　程序结束并返回

七、加工要求及评分标准

中级训练项目(六)的加工要求及评分标准见表4.12。

表4.12　中级训练项目(六)评分表

工件编号			4.9				
项目与配分		序号	技术要求	配分	评分标准	检查记录	得分
工件加工评分(70分)	外形轮廓	1	58.98 ± 0.03(3 处)	3 × 8	超差全扣		
		2	5 ± 0.03	5	超差全扣		
		3	$R_a 3.2$ μm	4	每错一处扣 2 分		
	内轮廓及孔	4	$\phi 20$、$\phi 50$	6	每错一处扣 3 分		
		5	$R5$、$R3$	6	每错一处扣 3 分		
		6	4	5	超差全扣		
		7	7、2	3	每错一处扣 3 分		
		8	$\phi 12_0^{+0.03}$	6	超差全扣		
		9	$R_a 3.2$ μm	2	超差全扣		
		10	$R_a 6.3$ μm	4	每错一处扣 2 分		
	其他	11	工件无缺陷	5	缺陷一处扣 2 分		
程序与工艺(20分)		12	加工工艺卡	10	不合理一处扣 2 分		
		13	程序正确合理	10	每错一处扣 2 分		
机床操作(10分)		14	机床操作规范	5	出错一次扣 2 分		
		15	工件、刀具装夹	5	出错一次扣 2 分		
安全文明生产		16	安全操作	倒扣	安全事故扣 5 ~ 30 分		
		17	机床整理	倒扣			

思考与练习

1. 加工如图4.10所示工件,毛坯为 100 mm × 80 mm × 20 mm 的 45 钢,六面已加工完毕,试编写其加工工艺卡和加工程序。

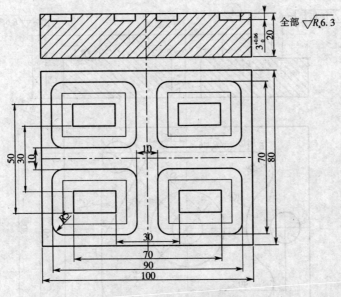

图4.10 中级练习项目(一)

2. 加工如图4.11所示工件,毛坯为72 mm×72 mm×17 mm的45钢,六面已加工完毕,试编写其加工工艺卡和加工程序。

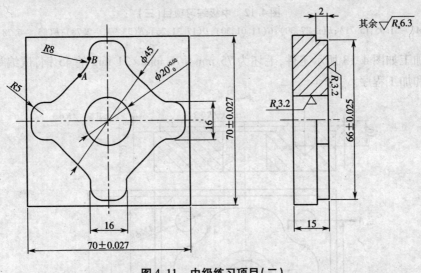

图4.11 中级练习项目(二)

A(−11.8,19.16);B(−8,25.97)

3. 加工如图4.12所示工件,毛坯为100 mm×80 mm×25 mm的45钢,试编写其加工工艺卡和加工程序。

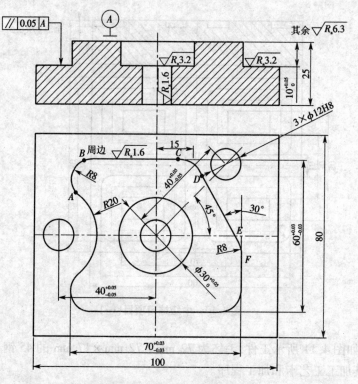

图 4.12　中级练习项目(三)

$A(-31.95,15.71)$；$B(-27,30)$；$C(11.01,30)$；$D(17.31,26)$；$E(33.93,-2.78)$；$F(35,-6.78)$

4.加工如图 4.13 所示工件,毛坯为 75 mm ×75 mm ×21 mm 的 45 钢,试编写其加工工艺卡和加工程序。

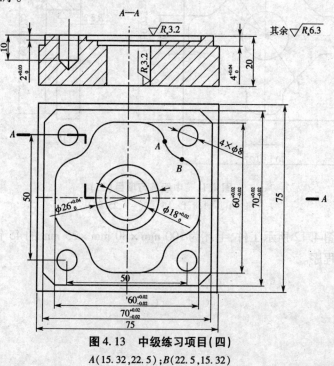

图 4.13　中级练习项目(四)

$A(15.32,22.5)$；$B(22.5,15.32)$

5. 加工如图 4.14 所示工件,毛坯为 120 mm × 100 mm × 27 mm 的 45 钢,试编写其加工工艺卡和加工程序。

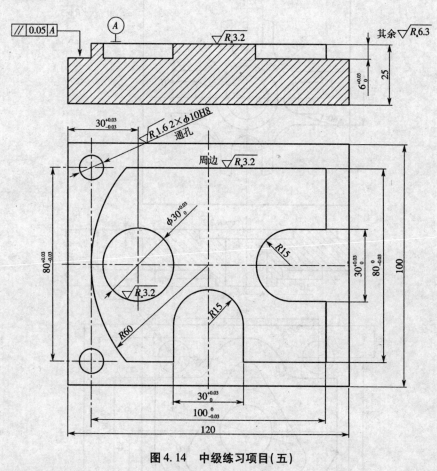

图 4.14 中级练习项目(五)

6. 加工如图 4.15 所示工件,毛坯为 80 mm × 80 mm × 22 mm 的 45 钢,试编写其加工工艺卡和加工程序。

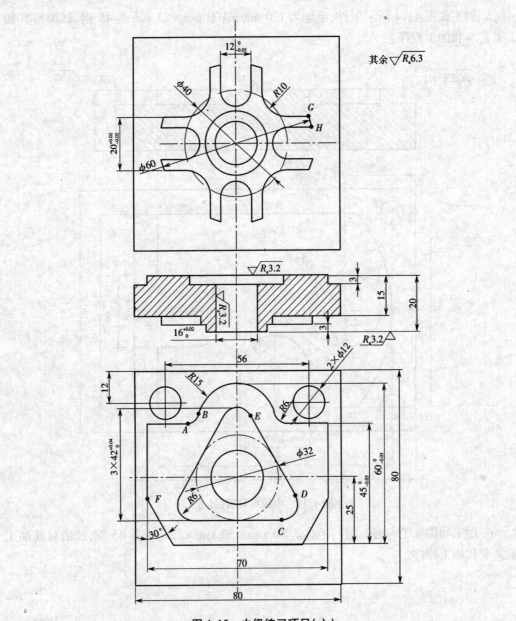

图 4.15　中级练习项目(六)

$A(-20.125,20)$；$B(-14.375,24.286)$；$C(17.321,-16)$；$D(22.517,-7)$；
$E(5.196,23)$；$F(-35,-7.679)$；$G(28.28,10)$；$H(29.39,6)$

7. 加工如图 4.16 所示工件，毛坯为 $\phi80$ mm×36 mm 的 45 钢棒料,试编写其加工工艺卡和加工程序。

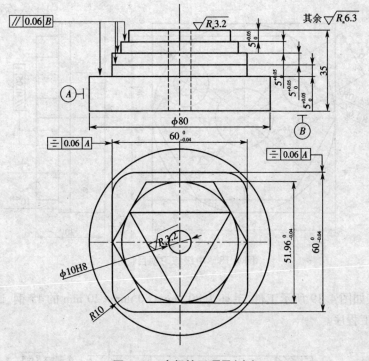

图 4.16　中级练习项目(七)

8. 加工如图 4.17 所示工件,毛坯为 75 mm×75 mm×20 mm 的 45 钢,试编写其加工工艺卡和加工程序。

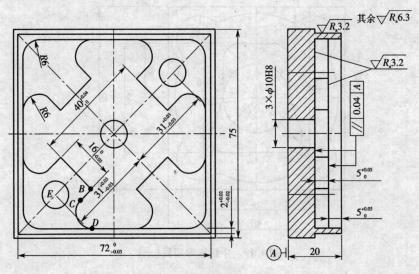

图 4.17　中级练习项目(八)

$B(-8.49,-19.8)$;$C(-12.44,-23.76)$;$D(-8.2,-34)$

9. 加工如图 4.18 所示工件,毛坯为 85 mm×85 mm×32 mm 的 45 钢,试编写其加工工艺卡和加工程序。

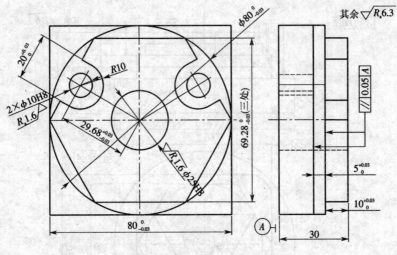

图 4.18　中级练习项目(九)

10. 加工如图 4.19 所示工件,毛坯为 80 mm×80 mm×20 mm 的 45 钢,试编写其加工工艺卡和加工程序。

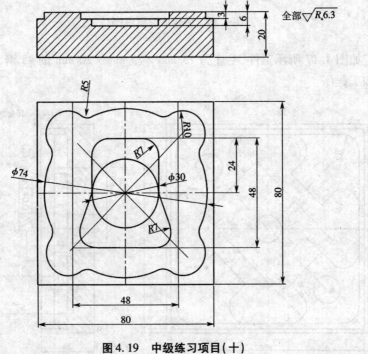

图 4.19　中级练习项目(十)

11. 加工如图 4.20 所示工件,毛坯为两件 100 mm×100 mm×18 mm 的 45 钢,保证其双边间隙为 0.04 mm,试编写其加工工艺卡和加工程序。

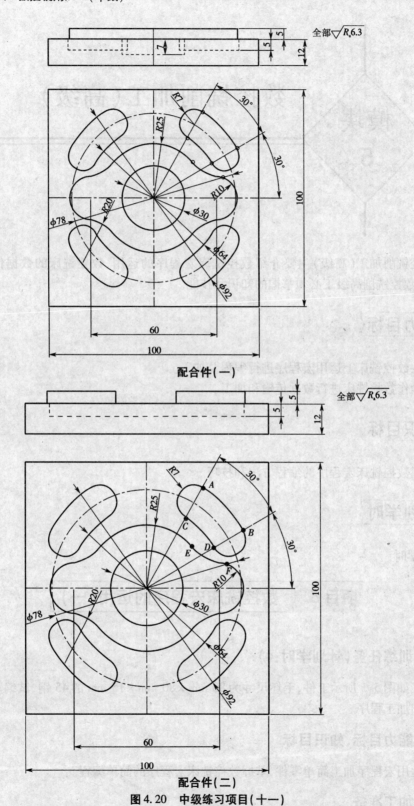

图 4.20 中级练习项目(十一)

$A(23.00,39.84)$;$B(39.84,23)$;$C(16,27.71)$;$D(27.71,16)$;$E(18.75,16.54)$;$F(31.25,9.92)$

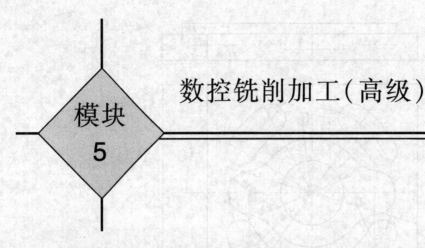

数控铣削加工(高级)

数控铣削加工(高级)主要介绍数控铣床宏程序的运用、数控铣床的数据传输和加工,这是数控铣削高级工必须掌握的知识和技能。

能在数控铣床上运用宏程序进行编程及加工。

能操作数控铣床进行数据传输和加工。

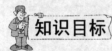

掌握数控铣床宏程序的编程方法和技巧。

10 学时。

项目 5.1 数控铣床宏程序的运用(一)

一、训练任务(计划学时:4)

加工如图 5.1 所示工件,毛坯尺寸为 80 mm × 80 mm × 15 mm 的 45 钢,试编写其加工工艺卡和加工程序。

二、能力目标、知识目标

能运用宏程序加工简单零件,掌握数控铣床宏程序的简单编程。

三、加工准备

(1)选用机床:TK7650A 数控铣床(FANUC 0i Mate - MB 系统)或 ZK7640 数控铣床

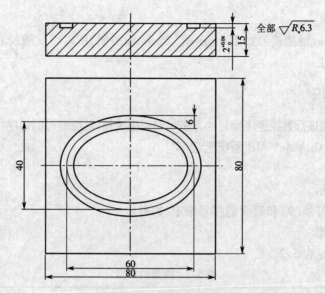

图 5.1 高级训练项目(一)

(SIEMENS - 802S 系统)或 HMDI - 21M 数控铣床(华中世纪星系统)。

(2)选用夹具:精密平口钳。

(3)使用毛坯:80 mm × 80 mm × 15 mm 的 45 钢,六面已加工。

(4)工具、量具、刀具参照备注配备。

四、训练步骤

(1)分析零件(图 5.1)铣削加工起刀点、换刀点、加工切入点及走刀路线并编写加工工艺。

(2)编写零件加工程序。

(3)输入程序并检验。

(4)操作数控机床加工零件。

五、工艺分析

1.加工工艺内容

零件只需加工 6 mm 宽、2 mm 深的槽,且零件的精度要求较低,因此可直接用 $\phi6$ mm 键槽铣刀进行加工。

2.加工工艺卡

本零件加工工艺卡如表 5.1 所示。

表 5.1 加工工艺卡

机床:数控铣床			加工数据表				
工序	加工内容	刀具	刀具材料	刀具类型	主轴转速(r/min)	进给量(mm/min)	半径补偿
1	加工槽	T01	高速钢	$\phi6$ mm 键槽铣刀	1 200	40	无

3.走刀路径

因采用 $\phi6$ mm 键槽铣刀加工 6 mm 宽、2 mm 深的槽,所以可从槽的右端点(30,0)处直接下刀进行加工。

六、支撑知识

用变量的方式进行数控程序编写的方法叫宏程序编程,其所编写的程序叫宏程序。

(一)FANUC 0i Mate – MB 系统宏程序

1.变量

1)变量的表示

变量用变量符号(#)和后面的序号指定,如#1。

2)变量的类型

变量的类型见表5.2。

表5.2 变量的类型

序号	变量类型	功　能
#0	空变量	该变量总是空的,没有值能赋给该变量
#1 ~ #33	局部变量	局部变量只能用在宏程序中存储数据,例如运算结果;当断电时,局部变量被初始化为空;调用宏程序时,自变量对局部变量赋值
#500 ~ #999	公共变量	公共变量在不同的宏程序中的意义相同,当断电时变量#100 ~ #199 初始化为空;变量#500 ~ #999 的数据保存,即断电也不丢失
#1000 ~	系统变量	系统变量用于读和写 CNC 的各种数据,例如刀具的当前位置和补偿值

3)变量的引用

在地址后指定变量号即可引用其变量值。改变引用变量值的符号,要把负号" – "放在#的前面,如"G00 X – #1";在编程时,变量的定义、变量的运算只允许每行写一个,否则系统报警。

2.算术和逻辑运算

算术和逻辑运算见表5.3。

表5.3 算术和逻辑运算

功能	格式	备注	功能	格式	备注
定义	#i = #j		平方根	#i = SQRT[#j]	
加法	#i = #j + #k		绝对值	#i = ABS[#j]	
减法	#i = #j – #k		舍入	#i = ROUND[#j]	
乘法	#i = #j * #k		上取整	#i = FUP[#j]	四舍五入取整
除法	#i = #j/#k		下取整	#i = FIX[#j]	
正弦	#i = SIN[#j]		自然对数	#i = LN[#j]	
反正弦	#i = ASIN[#j]	角度以度指定,	指数函数	#i = EXP[#j]	
余弦	#i = COS[#j]	65° 30′ 表示为			
反余弦	#i = ACOS[#j]	65.5°			
正切	#i = TAN[#j]				
反正切	#i = ATAN[#j]				

3.运算符

运算符见表 5.4。

表 5.4　运算符

运算符	含义	运算符	含义
EQ	等于(=)	GE	大于或等于(≥)
NE	不等于(≠)	LT	小于(<)
GT	大于(>)	LE	小于或等于(≤)

4.转移和循环

1)无条件转移(GOTO 语句)

转移到标有顺序号 N 的程序段。

编程格式

GOTO　N ＿

其中　N ＿——顺序号。

例：

GOTO 1

GOTO #10

2)条件转移(IF 语句)

IF 之后指定条件表达式。如果指定的条件表达式满足时,转移到标有顺序号的程序段;如果指定的条件表达式不满足时,执行下个程序段。

编程格式

IF[条件表达式]GOTO　N

例:如果变量#1 大于 10,转移到 N70 的程序段。

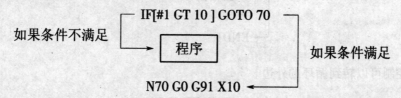

3)循环(WHILE 语句)

在 WHILE 后指定一个条件表达式。当指定条件满足时,执行从 DO 到 END 之间的程序;否则,转到 END 后的程序段。

编程格式

WHILE[条件表达式] DO m

…

END m

DO 后的 m 和 END 后的 m 是指定程序执行范围的标号,标号值为 1,2,3。

(1)标号 1 到 3 根据要求多次使用。

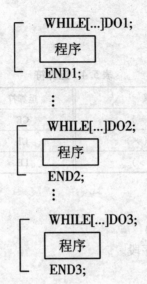

（2）循环从里到外嵌套3级。

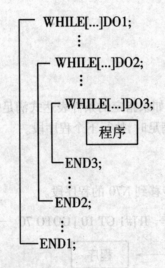

（3）控制可以转到循环的外边。

```
 ┌─ WHILE[...]DO1;
 │   IF[...]GOTO N;
 ├─ END1;
 └─→ NN;
```

（二）SIEMENS‑802S 系统宏程序

1. 参数 R

1）编程格式

R1 = __ ~ R299 = __

2)地址赋值

通过给 NC 地址分配计算参数或参数表达式,可以增加 NC 程序的通用性。当赋值时,在地址后面书写字符"=",也可以赋一个带负号的值,给地址字赋值时必须在单独一个程序段内。如"N10 G0 X = R1",给 X 赋值。

2. 标记符

标记符或程序段号用于标记程序中所跳转的目标程序段。

如:

N10 CZY1:G01 X20 Y30   CZY1 为标记符,标记跳转目标程序段

…

XHT8:G01 X80 Y60   XHT8 为标记符,标记跳转目标程序段,但没段号

…

3. 绝对跳转

程序在运行时可以通过插入程序跳转指令改变执行顺序。

编程格式和意义:

GOTOF Label   向前跳转(向结束的方向跳转)

GOTOB Label   向后跳转(向开始的方向跳转)

4. 有条件跳转

用 IF 条件语句表示有条件跳转,如果满足跳转条件(也就是值不等于零),则进行跳转。跳转目标只能是有标记符的程序段,该程序段必须在此程序之内。有条件跳转指令要求一个独立的程序段。在一个程序段中可以有许多个条件跳转指令。使用了条件跳转指令后,有时会使程序得到明显的简化。

编程格式和意义:

IF 条件 GOTOF Label   向前跳转

IF 条件 GOTOB Label   向后跳转

用比较运算表示跳转条件,计算表达式也可用于比较运算。比较运算的结果有两种,一种为"满足",另一种为"不满足"。"不满足"时该运算结果值为零,则不进行跳转。

比较运算编程举例:

R1 > 1   R1 大于 1

1 < R1   1 小于 R1

R1 < R2 + R3   R1 小于 R2 加 R3

R6 > = SIN(R7 * R7)   R6 大于或等于 SIN(R7 * R7)

编程举例:

N10 IF R1 GOTOF MARKE1   R1 不等于零时,跳转到 MARKE1 程序段

N10 IF R1 > 1 GOTOF MARKE2   R1 大于 1 时,跳转到 MARKE2 程序段

N10 IF R45 = R7 + 1 GOTOB MARKE3   R45 等于 R7 加 1 时,跳转到 MARKE3 程序段

编程举例:用 $\phi20$ mm 的立铣刀铣削 400 mm × 300 mm 外形,切深 50 mm,零件如图 5.2 所示。

N20 G54 T1 S400 M03 F150   确定工件零点,转速为 400 r/min,正转,进给速度为 150 mm/min

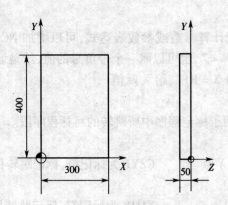

图 5.2 R 参数编程

N30 G00 Z20 M08	快速定位到 Z20 mm 位置,打开冷却液
X - 30 Y - 10	快速定位到下刀点位置
N40 R1 = - 8	设定 R1 加工参数值(R1 为切削深度)
N50 AA:G00 Z = R1	快速下刀至 R1 切削深度
N60 G01 G41 X0 Y - 10 D1	执行刀具半径左补偿
N70 G01 Y400	直线插补到(0,400)
N80 X300	直线插补到(400,300)
N90 Y0	直线插补到(400,0)
N100 X - 10	直线插补到(-10,0)
N110 G00 G40 X - 10 Y - 30	取消刀具半径补偿
N120 G00 Z3	Z 轴快速回退到 Z3 位置
N130 R1 = R1 - 8	R1 参数每次增加 - 8 进行计算
N140 IF R1 > = - 50 GOTOB AA	条件语句(如果 R1 参数大于等于 - 50,
	就跳跃到 AA:位置,执行程序段 N50 至 N130)
N150 G00 Z100 M09	回退到 Z100 位置,关闭冷却液
N160 M30	程序结束

(三)华中世纪星系统宏程序

1. 宏变量及常量

1)变量

变量用变量符号(#)和后面的变量号指定,如#1。

2)常量

PI 表示圆周率 π。

TRUE 表示条件成立。

FALSE 表示条件不成立。

2.运算符与表达式

运算符与表达式见表5.5。

表5.5 运算符与表达式

类别	表示符号
算术运算符	+,-,*,/
条件运算符	EQ(=),NE(≠),GT(>),GE(≥),LT(<),LE(≤)
逻辑运算符	AND,OR,NOT
函数	SIN,COS,TAN,ATAN,ABS,INT,SIGN,SQRT,EXP
表达式	175/SQRT[2] * COS[55 * PI/180]或 SQRT[#1 * #1]

注:华中系统角度计算单位为弧度。

3.赋值语句

格式

宏变量 = 常数或表达式

如:

#1 = 123

#2 = 175/SQRT[20] * COS[55 * PI/180]

4.条件判别语句 IF、ENDIF

格式

IF 条件表达式

…

ENDIF

5.循环语句 WHILE、ENDW

格式1

WHILE 条件表达式

…

ENDW

格式2

WHILE 条件表达式 DO1

…

WHILE 条件表达式 DO2

…

ENDW2

…

ENDW1

(四)图形分析

加工椭圆时刀具走刀路径如图5.3所示。椭圆由无数的点组成,相邻点 A、B 的坐标

分别为 $A(40*SIN(\theta1),60*COS(\theta1))$, $B(40*SIN(\theta2),60*COS(\theta2))$。当 $\theta1$、$\theta2$ 的差值很小时,A、B 点的运动轨迹可以看成是条直线。角度 θ 可以用变量#1 来表示,相邻点的变量值是单调递增或单调递减的。如每次递增 1 度,则宏程序表达式如下。

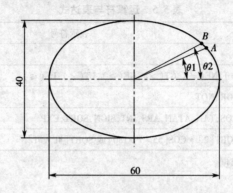

图 5.3　加工椭圆轨迹图

#1 = 0	角度变量初始值为 0
#2 = 40 * SIN(#1)	X 坐标值
#3 = 60 * COS(#1)	Y 坐标值
WHILE[#1GT360] DO1	角度变量大于 360 度则循环结束
G01 X#2 Y#3	
#1 = #1 + 1	角度每次递增 1 度
END1	

七、加工程序

1. 加工程序(FANUC 0i Mate – MB 系统)

O0511	主程序(加工椭圆槽)
G54 M03 S1200	以工件中心上平面为程序原点,设定主轴转速
G00 Z20 M08	快速移到安全高度,打开冷却液
G00 X30 Y0	快速移到加工起点
G00 Z2	快速下刀
G01 Z – 2 F30	下刀
#1 = 0	角度变量初值
WHILE [#1 LE 360] DO1	当角度小于等于 360 度时循环 DO1
#2 = 40 * SIN(#1)	Y 坐标赋值
#3 = 60 * COS(#1)	X 坐标赋值
G01 X#3 Y#2 F40	以 40 mm/min 进给加工
#1 = #1 + 1	角度增加 1 度
END1	循环到 END1
G00 Z100 M09	快速抬刀,关闭冷却液

| M05 | 主轴停止 |
| M30 | 程序结束并返回 |

2. 加工程序（SIEMENS - 802S 系统）

ABC511	主程序（加工椭圆槽）
G54 M03 S1200	以工件中心上平面为程序原点，设定主轴转速
G00 Z20 M08	快速移到安全高度，打开冷却液
G00 X30 Y0	快速移到加工起点
G00 Z2	快速下刀
G01 Z - 2 F30	下刀
R1 = 0	角度变量初值
AAA：	标志符，跳转目标程序段
R2 = 40 * SIN(R1)	Y 坐标赋值
R3 = 60 * COS(R1)	X 坐标赋值
G01 X = R3 Y = R2 F40	以 40 mm/min 进给加工
R1 = R1 + 1	角度增加 1 度
IF R1 < = 360 GOTOB AAA	当角度小于等于 360 度时循环到 AAA：
G00 Z100 M09	快速抬刀，关闭冷却液
M05	主轴停止
M30	程序结束并返回

3. 加工程序（华中世纪星系统）

O0511	主程序（加工椭圆槽）
G54 M03 S1200	以工件中心上平面为程序原点，设定主轴转速
G00 Z20 M08	快速移到安全高度，打开冷却液
G00 X30 Y0	快速移到加工起点
G00 Z2	快速下刀
G01 Z - 2 F30	下刀
#1 = 0	角度变量初值
WHILE #1 LE 2PI　DO1	当角度小于等于 360 度时循环 DO1
#2 = 40 * SIN(#1)	Y 坐标赋值
#3 = 60 * COS(#1)	X 坐标赋值
G01 X#3 Y#2 F40	以 40 mm/min 进给加工
#1 = #1 + PI/180	角度增加 1 度
ENDW1	循环到 ENDW1
G00 Z100 M09	快速抬刀，关闭冷却液
M05	主轴停止
M30	程序结束并返回

八、加工要求及评分标准

高级训练项目(一)的加工要求及评分标准见表5.6。

表5.6　高级训练项目(一)评分表

工件编号			5.1				
项目与配分		序号	技术要求	配分	评分标准	检查记录	得分
工件加工评分(70分)	槽	1	椭圆尺寸40、60	40	超差全扣		
		2	6	10	超差全扣		
		3	$2^{+0.06}_{0}$	10	超差全扣		
		4	$R_a6.3\ \mu m$	5	每错一处扣2分		
	其他	5	工件无缺陷	5	缺陷一处扣2分		
程序与工艺(20分)		6	加工工艺卡	10	不合理一处扣2分		
		7	程序正确合理	10	每错一处扣2分		
机床操作(10分)		8	机床操作规范	5	出错一次扣2分		
		9	工件、刀具装夹	5	出错一次扣2分		
安全文明生产		10	安全操作	倒扣	安全事故扣5~30分		
		11	机床整理	倒扣			

项目5.2　数控铣床宏程序的运用(二)

一、训练任务(计划学时:2)

加工如图5.4所示工件,毛坯尺寸为100 mm×100 mm×15.5 mm的45钢,试编写其加工工艺卡和加工程序。

二、能力目标、知识目标

(1)能运用宏程序指令、刀补指令及旋转指令加工零件。
(2)掌握宏程序指令、刀补指令及旋转指令的综合运用。

三、加工准备

(1)选用机床:TK7650A数控铣床(FANUC 0i Mate – MB系统)或ZK7640数控铣床(SIEMENS – 802S系统)或HMDI – 21M数控铣床(华中世纪星系统)。
(2)选用夹具:精密平口钳。
(3)使用毛坯:100 mm×100 mm×15.5 mm的45钢,六面已加工。
(4)工具、量具、刀具参照备注配备。

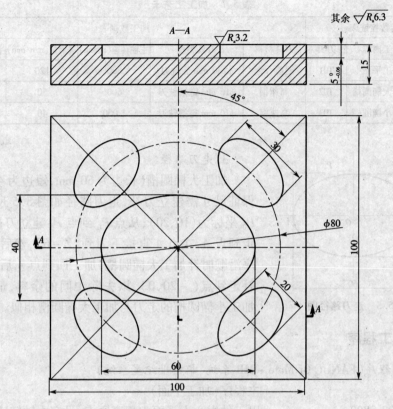

图 5.4 高级训练项目(二)

四、训练步骤

(1)分析零件(图 5.4)铣削加工起刀点、换刀点、加工切入点及走刀路线并编写加工工艺。

(2)编写零件加工程序。

(3)输入程序并检验。

(4)操作数控机床加工零件。

五、工艺分析

1. 加工工艺内容

零件上平面表面结构为 3.2 μm,故需采用大的面铣刀进行加工;大椭圆槽长边为 60 mm,短边为 40 mm,故可采用 ϕ16 mm 键槽铣刀进行加工,为保证尺寸需建立刀补;小椭圆槽长边为 30 mm,短边为 20 mm,故可采用 ϕ10 mm 键槽铣刀进行加工,为保证尺寸需建立刀补,另外 3 个小椭圆槽尺寸一样,所以可以采用旋转指令进行加工。

2. 加工工艺卡

本零件加工工艺卡如表 5.7 所示。

表 5.7 　加工工艺卡

机床:数控铣床			加工数据表				
工序	加工内容	刀具	刀具材料	刀具类型	主轴转速(r/min)	进给量(mm/min)	半径补偿(mm)
1	加工平面	T01	硬质合金	φ120 mm 面铣刀	800	120	无
2	加工大椭圆槽	T02	高速钢	φ16 mm 键槽铣刀	600	50	16
3	加工小椭圆槽	T03	高速钢	φ10 mm 键槽铣刀	1 000	40	10

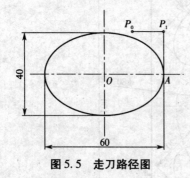

图 5.5 　走刀路径图

3.走刀路径

加工大椭圆槽(长边为 60 mm,短边为 40 mm)为保证尺寸需建立刀补,走刀路径如图 5.5 所示,起点 P_0 坐标为(10,20),从点 P_0 到点 P_1 建立刀补,沿切线走到点 A,在点 A 直接下刀到"Z - 6",然后采用宏程序沿顺时针加工大椭圆槽,加工回到点 A 后可取消刀补走到点(- 20,0),以去除中间的余料,最后抬刀。加工小椭圆槽的走刀与加工大椭圆槽相似。

六、加工程序

1.加工程序(FANUC 0i Mate - MB 系统、华中世纪星系统)

O0521	主程序(加工平面)
G54 M03 S800	以工件中心上平面为程序原点,设定主轴转速
G00 Z20 M08	快速移到安全高度,打开冷却液
G00 X110 Y0	快速移到加工起点
G00 Z2	快速下刀
G01 Z - 2 F120	下刀
G01 X - 80	加工平面
G00 Z100 M09	快速抬刀,关闭冷却液
M05	主轴停止
M30	程序结束并返回
O0522	主程序(加工大椭圆槽)
G54 M03 S600	以工件中心上平面为程序原点,设定主轴转速
G00 Z20 M08	快速移到安全高度,打开冷却液
G00 X10 Y - 20	快速移到加工起点
G41 X30 D01	建立刀补
G00 Y0	切线定位
G00 Z2	快速下刀
G01 Z - 5 F30	下刀
#1 = 0	角度变量初值
WHILE [#1 LE 360] DO1	当角度小于等于360 度时循环 DO1
WHILE #1 LE 2PI 　DO1	当角度小于等于360 度时循环 DO1

	(华中世纪星系统)
#2 = 40 * SIN(#1)	Y 坐标赋值
#3 = 60 * COS(#1)	X 坐标赋值
G01 X#3 Y#2 F50	以 50 mm/min 进给加工
#1 = #1 + 1	角度增加 1 度
#1 = #1 + PI/180	角度增加 1 度(华中世纪星系统)
END1	循环到 END1
ENDW1	循环到 ENDW1(华中世纪星系统)
G40 G01 X − 20	取消刀补,去除中间余料
G00 Z100 M09	快速抬刀,关闭冷却液
M05	主轴停止
M30	程序结束并返回
O0522	主程序(加工四个小椭圆槽)
G54 M03 S1000	以工件中心上平面为程序原点,设定主轴转速
G00 Z20 M08	快速移到安全高度,打开冷却液
G68 R45	坐标系旋转 45 度
M98 P1522	调用子程序加工右上角小椭圆槽
G68 R135	坐标系旋转 135 度
M98 P1522	调用子程序加工左上角小椭圆槽
G68 R225	坐标系旋转 225 度
M98 P1522	调用子程序加工左下角小椭圆槽
G68 R315	坐标系旋转 315 度
M98 P1522	调用子程序加工右下角小椭圆槽
G69	取消旋转
G00 Z100 M09	快速抬刀,关闭冷却液
M05	主轴停止
M30	程序结束并返回
O1522	子程序(加工小椭圆)
G00 X40 Y − 10	快速移到加工起点
G41 X50 D01	建立刀补
G00 Y0	切线定位
G00 Z2	快速下刀
G01 Z − 5 F30	下刀
#1 = 0	角度变量初值
WHILE [#1 LE 360] DO1	当角度小于等于 360 度时循环 DO1
WHILE #1 LE 2PI DO1	当角度小于等于 360 度时循环 DO1
	(华中世纪星系统)
#2 = 15 * SIN(#1)	Y 坐标赋值
#3 = 40 + 10 * COS(#1)	X 坐标赋值
G01 X#3 Y#2 F40	以 40 mm/min 进给加工

程序	说明
#1 = #1 + 1	角度增加 1 度
#1 = #1 + PI/180	角度增加 1 度(华中世纪星系统)
END1	循环到 END1
ENDW1	循环到 ENDW1(华中世纪星系统)
G40 G01 X40	取消刀补
G01 Y10	去除中间余料
G01 Y - 10	
G00 Z2	快速抬刀
M99	子程序结束

2. 加工程序(SIEMENS - 802S 系统)

ABC521(加工平面)与 OO521 相同

程序	说明
ABC522	主程序(加工大椭圆槽)
G54 M03 S600	以工件中心上平面为程序原点,设定主轴转速
G00 Z20 M08	快速移到安全高度,打开冷却液
G00 X10 Y - 20	快速移到加工起点
G41 X30 D01	建立刀补
G00 Y0	切线定位
G00 Z2	快速下刀
G01 Z - 5 F30	下刀
R1 = 0	角度变量初值
AAA:	标志符,跳转目标程序段
R2 = 40 * SIN(R1)	Y 坐标赋值
R3 = 60 * COS(R1)	X 坐标赋值
G01 X = R3 Y = R2 F50	以 50 mm/min 进给加工
R1 = R1 + 1	角度增加 1 度
IF R1 < = 360 GOTOB AAA	当角度小于等于 360 度时循环到 AAA:
G40 G01 X - 20	取消刀补,去除中间余料
G00 Z100 M09	快速抬刀,关闭冷却液
M05	主轴停止
M30	程序结束并返回
OO522	主程序(加工四个小椭圆槽)
G54 M03 S1000	以工件中心上平面为程序原点,设定主轴转速
G00 Z20 M08	快速移到安全高度,打开冷却液
G258 RPL = 45	坐标系旋转 45 度
L1522	调用子程序加工右上角小椭圆槽
G258 RPL = 135	坐标系旋转 135 度
L1522	调用子程序加工左上角小椭圆槽
G258 RPL = 225	坐标系旋转 225 度
L1522	调用子程序加工左下角小椭圆槽
G258 RPL315	坐标系旋转 315 度

L1522	调用子程序加工右下角小椭圆槽
G158	取消旋转
G00 Z100 M09	快速抬刀,关闭冷却液
M05	主轴停止
M30	程序结束并返回
L1522	子程序
G00 X40 Y − 10	快速移到加工起点
G41 X50 D01	建立刀补
G00 Y0	切线定位
G00 Z2	快速下刀
G01 Z − 5 F30	下刀
R1 = 0	角度变量初值
AAA：	标志符,跳转目标程序段
R2 = 15 ∗ SIN(#1)	Y 坐标赋值
R3 = 40 + 10 ∗ COS(#1)	X 坐标赋值
G01 X = R3 Y = R2 F40	以 40 mm/min 进给加工
R1 = R1 + 1	角度增加 1 度
IF R1 < = 360 GOTOB AAA	当角度小于等于360 度时循环到 AAA：
G40 G01 X40	取消刀补
G01 Y10	去除中间余料
G01 Y − 10	
G00 Z2	快速抬刀
M99	子程序结束

七、加工要求及评分标准

高级训练项目(二)的加工要求及评分标准见表5.8。

表5.8　高级训练项目(二)评分表

工件编号			5.4				
项目与配分		序号	技术要求	配分	评分标准	检查记录	得分
工件加工评分(70 分)	槽	1	大椭圆尺寸40、60	20	超差全扣		
		2	小椭圆尺寸20、30(四处)	25	每错一处扣 10 分		
		3	$5_{-0.06}^{0}$	10	超差全扣		
		4	R_a6.3 μm	5	每错一处扣 2 分		
	平面	5	R_a3.2 μm	5	超差全扣		
	其他	6	工件无缺陷	5	缺陷一处扣 2 分		
程序与工艺(20 分)		7	加工工艺卡	10	不合理一处扣 2 分		
		8	程序正确合理	10	每错一处扣 2 分		

续表

工件编号		5.4				
项目与配分	序号	技术要求	配分	评分标准	检查记录	得分
机床操作(10分)	9	机床操作规范	5	出错一次扣2分		
	10	工件、刀具装夹	5	出错一次扣2分		
安全文明生产	11	安全操作	倒扣	安全事故扣5~30分		
	12	机床整理	倒扣			

项目5.3　数控铣床的数据传输和加工

一、训练任务(计划学时:4)

加工如图5.6所示工件,毛坯尺寸为80 mm×80 mm×15 mm的45钢,试编写其加工工艺卡和加工程序。

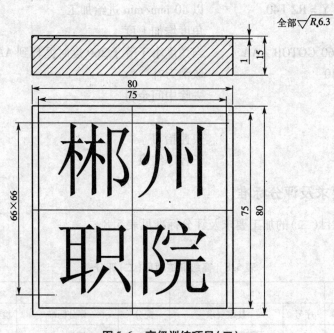

图5.6　高级训练项目(三)

二、能力目标、知识目标

(1)能自动生成加工程序,并进行数据传输和加工。

(2)掌握数控铣床的数据传输、加工的操作方法和步骤。

三、加工准备

(1)选用机床:TK7650A数控铣床(FANUC 0i Mate－MB系统)或ZK7640数控铣床

(SIEMENS – 802S 系统) 或 HMDI – 21M 数控铣床(华中世纪星系统)。

(2)选用夹具:精密平口钳。

(3)使用毛坯:80 mm ×80 mm ×15 mm 的 45 钢,六面已加工。

(4)工具、量具、刀具参照备注配备。

四、训练步骤

(1)分析零件(图 5.6)铣削加工起刀点及走刀路线并编写加工工艺。

(2)编写零件加工程序。

(3)传输零件的加工程序。

(4)操作数控机床加工零件。

五、工艺分析

1.加工工艺内容

零件只需加工 1 mm 深的槽,且零件的精度要求较低,因此可直接用 ϕ3 mm 键槽铣刀进行加工。

2.加工工艺卡

本零件加工工艺卡如表 5.9 所示。

表 5.9　加工工艺卡

机床:数控铣床			加工数据表					
工序	加工内容	刀具	刀具材料	刀具类型	主轴转速(r/min)	进给量(mm/min)	半径补偿
1	加工槽	T01	高速钢	ϕ3 mm 键槽铣刀	2 000	20	无

六、支撑知识

(一)FANUC 0i Mate – MB 系统的数据传输

1.程序传输格式

1)程序的编写

在记事本中或在 CNC-EDIT、NC Sentry 等传输软件中编写程序。

2)程序传输格式

%:××××(四位以内的数字组成的程序名。前面的":"也可改为英文的"O",传输到数控系统后都为"O××××",×为数字,下同)

…(以下为编写的程序段)

%

3)保存到文件夹中的程序文件名

可任意给(最好为英文或数字)。

2.传输软件及传输操作

1)CNC-EDIT 传输软件

程序传输操作过程如下。

（1）打开 CNC-EDIT 传输软件,显示操作页面（图5.7）,在编辑区域编写所需传输的程序或打开存储在计算机中的程序,点击"DNC 传输按钮"进入程序传输操作页面（图5.8）。

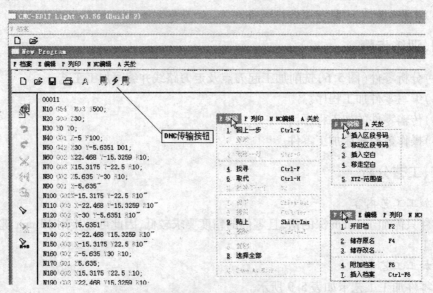

图5.7　CNC-EDIT 操作页面

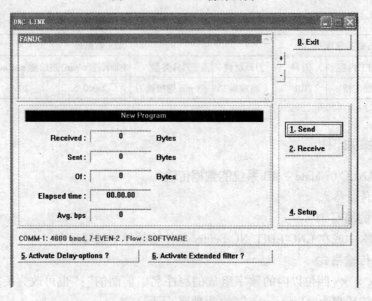

图5.8　DNC 传输操作页面

（2）点击"4. Setup"按钮,可以进入参数设置页面（图5.9）。参数设置说明见表5.10,根据数控机床的传输协议设置传输参数,设置完毕后,点击"0. Save & Exit"退出。

表5.10　参数设置说明

参数名称	Name	Comm port	Baudrate	Stopbits	Handshake	Databits	Parity
参数含义	机床名称	接口	波特率	停止位	信息交换	数据位	校验

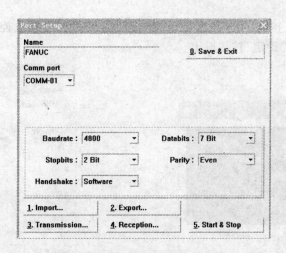

图5.9 参数设置页面

(3)在数控机床的操作面板中,选择"EDIT"方式,启动程序的接收或读入。

(4)在传输操作页面(图5.8),点击"1.Send"按钮,就可以把计算机中的程序传输到数控机床中。

2)NC Sentry 传输软件

程序传输操作过程如下。

(1)打开 NC Sentry 传输软件(图5.10),在编辑区域编写所需传输的程序或打开存储在计算机中的程序,点击"🔳"按钮进入程序传输操作页面(图5.11)。

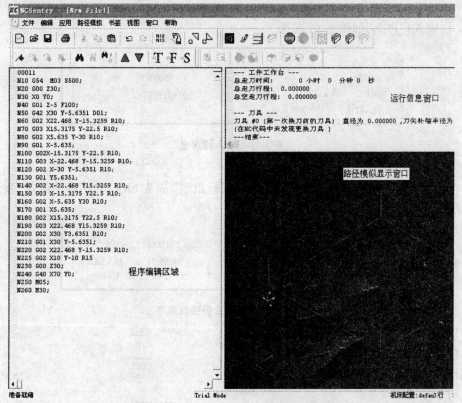

图5.10 NC Sentry 操作页面

（2）点击"设置"按钮，可进入参数设置页面（图 5.12），根据数控机床的传输协议设置好传输参数，点击"确定"按钮退出。

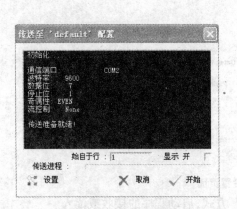

图 5.11　传输操作页面

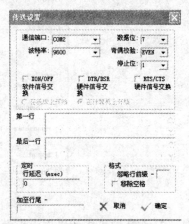

图 5.12　参数设置页面

（3）在数控机床的操作面板中，选择"EDIT"方式，启动程序的接收或读入。

（4）在程序传输页面，点击"开始"按钮就可以把计算机中的程序传输到数控机床中。

3. 数控机床的传输操作过程

（1）选择"EDIT"方式。

（2）按"PROG"进入编辑界面。

（3）按"操作"按钮，再按"▶"按钮。

（4）输入程序名，如图 5.13 所示。

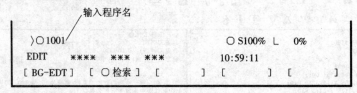

图 5.13　输入程序名

（5）按"READ"按钮。

（6）按"EXEC"按钮，将在页面的倒数第二行出现"标头 SKP"并不停地闪烁，表示系统已准备好，可以接收程序，如图 5.14 所示。

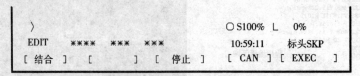

图 5.14　系统已准备接收程序

（7）最后从计算机的传输软件发送程序。

（二）SIEMENS‑802S 系统的数据传输

1. 程序传输格式

1）程序的编写

在记事本中或在 CNC-EDIT、NC Sentry 等传输软件中编写程序。

2)程序传输格式

%_N_△△××····×_MPF(由开头的两个字母和后面的数字、下划线及字母等16个以内的半角字符组成程序名。子程序可以以L开头加7位以内的数字组成程序名,但 MPF 应改为 SPF,△为字母,下同)

;$PATH=/_N_MPF_DIR

…(以下为编写的程序段)

3)保存到文件夹中的程序文件名

程序文件名可任意给(最好为英文或数字)。

2. WINPCIN 传输软件

程序传输操作过程如下。

(1)打开 WINPCIN 传输软件,其操作页面如图 5.15 所示。

图 5.15 WINPCIN 操作页面

(2)点击"RS232"按钮,出现参数设置页面,如图 5.16 所示,设置传输参数。

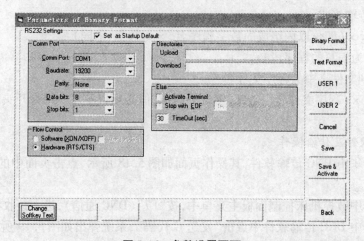

图 5.16 参数设置页面

(3)点击"Send Data"按钮,出现程序传输页面,如图 5.17 所示,选择要传输的程序,按"打开"键,就可以把计算机中的程序传输到数控机床中。

注:CNC-EDIT、NC Sentry 传输软件的运用与 FANUC 0i Mate – MB 系统相同,WINPCIN 传输软件也可用于 FANUC 0i 系统数控机床的数据传输。

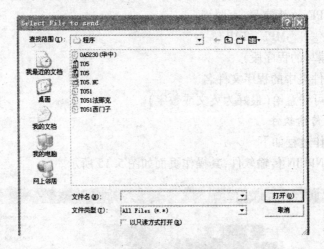

图 5.17　程序传输页面

3. 数控机床的传输操作过程

(1)选择"通信"为当前操作区域。

(2)按"RS232"按钮,设置通信接口参数,在电脑的传输软件中设置相应通信参数。

(3)按"输入启动"键,等待输入程序。

(4)最后从计算机的传输软件发送程序。

(三)华中世纪星系统的数据传输

1. 程序传输格式

1)程序的编写

一般在记事本中编写程序。

2)程序传输格式

% × × × ×(四位以内组成的数字程序名,×为数字,下同)

…(以下为编写的程序段)

3)保存到文件夹中的程序文件名

O△ × × ×(程序文件名由数字、字母等组成,但必须以英文"O"为开头,且不用文件的扩展名。)

2. 传输软件及传输操作

(1)打开华中 DNC 传输软件,其操作页面如图 5.18 所示,点击页面中的"打开串口"按钮。

(2)在华中数控机床控制面板主菜单中,按"F7"(DNC 通信),进入接收状态。

(3)在华中 DNC 传输软件中点击"发送 G 代码",系统弹出如图 5.19 所示的对话框,进入保存程序的文件夹,选择要传输的程序,然后点击"打开"。

(4)传输完毕后,在华中数控机床控制面板上,按"Alt + E"退出 DNC 状态。(注意 E 为上档键)

图 5.18　华中 DNC 页面

(5)在华中数控机床控制面板中,选择已传输的加工程序进行加工操作。

注:华中系统传输参数的设置一般取默认值。如要修改,点击"参数设置"进入"串口参数设置"对话框,按数控机床所设置的传输参数进行修改。由于华中系统的存储量较大,一般不必采用边传边加工的方式。

3.数控机床的传输操作过程

(1)在主菜单中按"设置"按钮,出现设置菜单,再按"F6 串口参数"按钮,进入参数

图 5.19　选择打开程序对话框

设置,修改需改动的传输参数。(一般取默认值,不需修改)

(2)在主菜单中按"F7"(DNC 通信)按钮,进入通信待命状态。

(3)最后从计算机的传输软件发送程序。

七、加工程序

1.编写过程

1)图形绘制

打开 CAM 软件:

(1)选择"绘图"→"矩形"→"一点"→输入矩形宽度:80,输入矩形高度:80,如图5.20 所示→"确定"→选择中心点坐标(0,0);

(2)选择"绘图"→"矩形"→"一点"→输入矩形宽度:75,输入矩形高度:75→"确定"→选择中心点坐标(0,0);

(3)选择"绘图"→"下一页"→"文字",设定创建文字的字形、参数→在文字档内输入"郴州",如图 5.21 所示→"确定"→选择文字所处位置;

图 5.20　绘制矩形对话框

图 5.21　绘制文字对话框

（4）相同的方法输入"职院"，结果如图 5.22 所示。

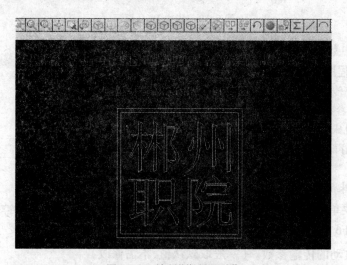

图 5.22　绘制"郴州职院"

2）挖槽加工

（1）选择"刀具路径"→"挖槽"→"窗选"→"矩形"→选择 75×75 框及里面所有图素→"执行"→选择"刀具参数"，出现加工参数对话框，如图 5.23 所示，输入刀具直径:3,输入主轴转速:2000,输入进给率:20→"确定"。

（2）选择"挖槽参数"，出现挖槽参数对话框，如图 5.24 所示，输入参考高度:20,输入进给下刀位:2,输入深度:-1,选择"顺铣"→"确定"。

（3）选择"粗铣/精修参数"，出现粗铣/精修参数对话框，如图 5.25 所示，输入刀间距（刀具直径）:3,选择"等距环切"→"确定"。

3）生成程序

选择"操作管理"，出现操作管理对话框，如图 5.26 所示→选择"后处理"，出现后处理对话框，如图 5.27 所示→选择"储存 NC 档"→选择"编辑"→"确定"，出现文件存档对话框，如图 5.28 所示，选择文件存档的地址，输入文件名→"保存"。

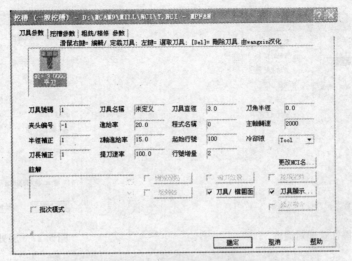

图 5.23 加具参数对话框

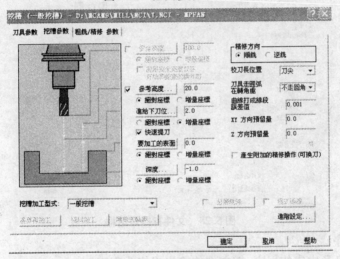

图 5.24 挖槽参数对话框

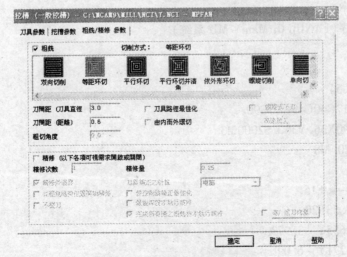

图 5.25 粗铣/精修参数对话框

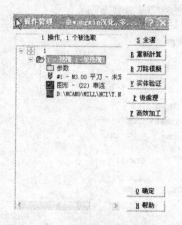

图 5.26 操作管理对话框

图 5.27 后处理对话框

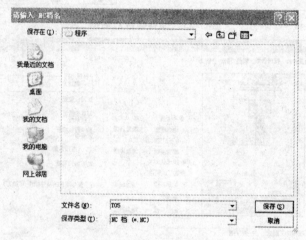

图 5.28 文件存档对话框

4)修改程序

用记事本打开生成的程序,按文件传输格式修改程序。

2. 加工程序

1)加工程序(FANUC 0i Mate – MB 系统)

```
%
O0531
N100 G21G54
N102 G0G17G40G49G80G90
N106 G0G90X36. Y36.. S2000M3
N108 G0Z20. M8
N110 Z2.
N112 G1Z – 1. F15.
N114 Y – 7. 53F20.
N116 X31. 655Y – 3. 973
N118 X30. 271Y – 6. 09
N120 X27. 91
```

N122 X27. 912Y − 6. 067

N124 X27. 921Y − 5. 847

N126 X27. 911Y − 5. 627

N128 X27. 884Y − 5. 409

…

…

N5392 G0Z20.

N5394 Y − 10. 465

N5396 Z2.

N5398 G1Z − 1. F15.

N5400 X − 24. 777F20.

N5402 Y − 7. 297

N5404 X − 22. 613

N5406 Y − 10. 465

N5408 G0Z20.

N5410 M5

N5412 M9

N5414 M30

%

2)加工程序(SIEMENS − 802S 系统)

% N ABC531 MPF

; $ PATH = / N MPF DIR

N100 G21G54

N102 G0G17G40G49G80G90

N106 G0G90X36. Y36. . S2000M3

N108 G0Z20. M8

N110 Z2.

N112 G1Z − 1. F15.

N114 Y − 7. 53F20.

N116 X31. 655Y − 3. 973

N118 X30. 271Y − 6. 09

N120 X27. 91

N122 X27. 912Y − 6. 067

N124 X27. 921Y − 5. 847

N126 X27. 911Y − 5. 627

N128 X27. 884Y − 5. 409

…

…

N5392 G0Z20.

N5394 Y − 10. 465

N5396 Z2.

N5398 G1Z－1. F15.

N5400 X－24. 777F20.

N5402 Y－7. 297

N5404 X－22. 613

N5406 Y－10. 465

N5408 G0Z20.

N5410 M5

N5412 M9

N5414 M30

3）加工程序（华中世纪星系统）

%0531

N100 G21G54

N102 G0G17G40G49G80G90

N106 G0G90X36. Y36. . S1200M3

N108 G0Z20. M8

N110 Z2.

N112 G1Z－1. F15.

N114 Y－7. 53F20.

N116 X31. 655Y－3. 973

N118 X30. 271Y－6. 09

N120 X27. 91

N122 X27. 912Y－6. 067

N124 X27. 921Y－5. 847

N126 X27. 911Y－5. 627

N128 X27. 884Y－5. 409

N144 X27. 153Y－3. 871

N146 X27. Y－3. 69

…

…

N5392 G0Z20.

N5394 Y－10. 465

N5396 Z2.

N5398 G1Z－1. F15.

N5400 X－24. 777F20.

N5402 Y－7. 297

N5404 X－22. 613

N5406 Y－10. 465

N5408 G0Z20.

N5410 M5

N5412 M9

N5414 M30

八、加工要求及评分标准

高级训练项目(三)的加工要求及评分标准见表 5.11。

表 5.11　高级训练项目(三)评分表

工件编号			5.6				
项目与配分		序号	技术要求	配分	评分标准	检查记录	得分
工件加工评分(70分)	槽	1	形状、尺寸	50	超差全扣		
		2	1	10	超差全扣		
		3	$R_a6.3\ \mu m$	5	每错一处扣2分		
	其他	4	工件无缺陷	5	缺陷一处扣2分		
程序与工艺(20分)		5	加工工艺卡	10	不合理一处扣2分		
		6	程序正确合理	10	每错一处扣2分		
机床操作(10分)		7	机床操作规范	5	出错一次扣2分		
		8	工件、刀具装夹	5	出错一次扣2分		
安全文明生产		9	安全操作	倒扣	安全事故扣5~30分		
		10	机床整理	倒扣			

思考与练习

1. 加工如图 5.29 所示工件,毛坯为 100 mm × 100 mm × 38 mm 的 45 钢,试编写其加工工艺卡和加工程序。

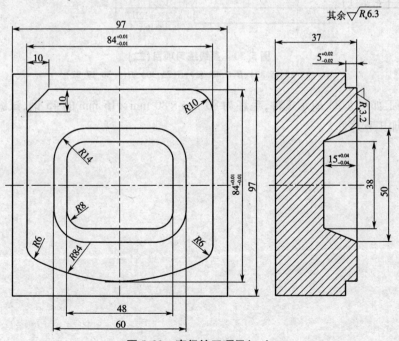

图 5.29　高级练习项目(一)

2. 加工如图 5. 30 所示工件, 毛坯为 100 mm × 100 mm × 26 mm 六面已加工的 45 钢, 试编写其加工工艺卡和加工程序。

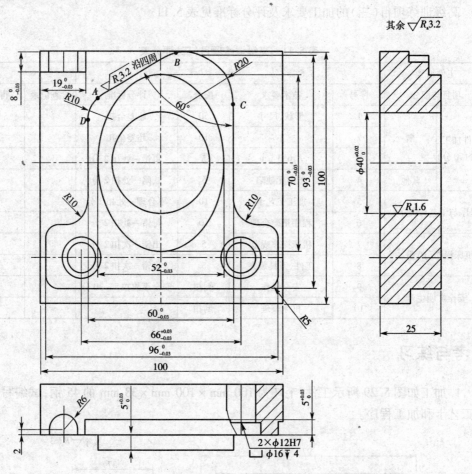

图 5. 30   高级练习项目(二)

$A(-25.25, 25.89)$; $B(0, 40.32)$; $C(23, 30)$; $D(-30, 17.22)$

3. 加工如图 5. 31 所示工件, 毛坯为 80 mm × 80 mm × 15 mm 的 45 钢, 试编写其加工工艺卡和加工程序。

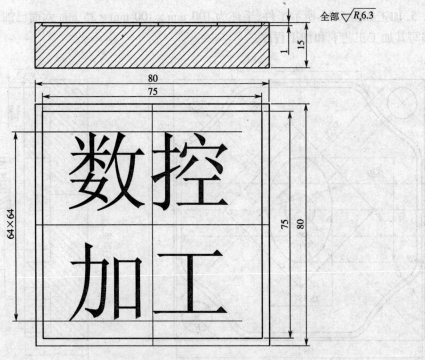

图 5.31 高级练习项目（三）

4.加工如图 5.32 所示工件,毛坯为 205 mm × 142 mm × 42 mm 的 45 钢,试编写其加工工艺卡和加工程序。

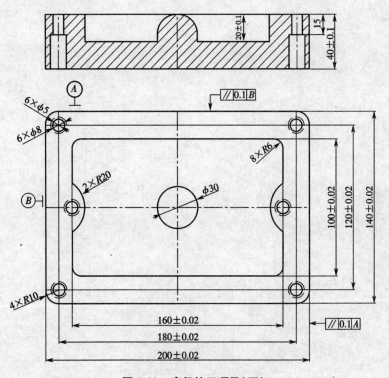

图 5.32 高级练习项目（四）

5.加工如图5.33所示工件,毛坯为100 mm×100 mm×25 mm六面已加工的45钢,试编写其加工工艺卡和加工程序。

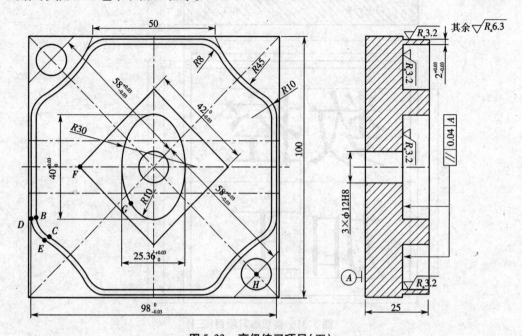

图5.33　高级练习项目(五)

$B(-47,-18.82)$；$C(-43,-25.75)$；$D(-49,-19.45)$；$E(-43.99,-27.49)$；

$F(-29.7,0)$；$G(-15,-8.66)$；$H(41.01,-41.01)$

模块 6 数控铣床的仿真加工操作

数控铣床的仿真加工操作是在数控仿真系统上进行模拟加工，主要介绍 FANUC 0i Mate 系统、SIEMENS – 802S 系统、华中世纪星系统三大系统数控铣床的仿真加工操作。

 能力目标

能进行 FANUC 0i Mate 系统数控铣床的仿真加工操作。
能进行 SIEMENS – 802S 系统数控铣床的仿真加工操作。
能进行华中世纪星系统数控铣床的仿真加工操作。

 知识目标

掌握上海宇龙数控仿真系统的使用方法。

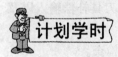 计划学时

8 学时。

项目 6.1   FANUC 0i Mate 系统数控铣床的仿真加工操作

一、训练任务(计划学时:4)

在上海宇龙数控仿真系统中用 FANUC 0i Mate 系统数控铣床加工如图 6.1 所示零件,材料为 45 钢。

二、能力目标、知识目标

(1)能在 FANUC 0i Mate 系统数控铣床仿真系统中加工零件。
(2)掌握上海宇龙数控仿真系统中 FANUC 0i Mate 系统数控铣床的操作。

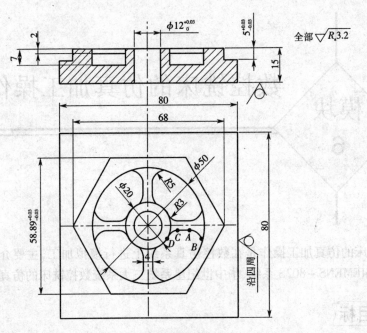

图 6.1　数控仿真训练项目(一)

$A(18.735, -2)$; $B(23.419, -8.75)$; $C(13.266, -2)$; $D(8.844, -4.667)$

三、加工准备

上海宇龙数控仿真系统。

四、训练步骤

(1)在仿真系统中选择机床、刀具及工件,练习一些基本功能的运用。

(2)练习仿真系统中 FANUC 0i Mate 系统数控铣床的开机、回零、刀具补偿输入以及程序的输入、修改和调用。

(3)练习仿真系统中 FANUC 0i Mate 系统数控铣床的对刀并进行检查。

(4)在仿真系统 FANUC 0i Mate 系统数控铣床中输入数控仿真训练项目(一)的加工程序。

(5)在仿真系统 FANUC 0i Mate 系统数控铣床中加工数控仿真训练项目(一)。

五、仿真操作

1. 进入

1)启动加密锁管理程序

用鼠标左键依次点击"开始"→"程序"→"数控加工仿真系统"→"加密锁管理程序",如图 6.2 所示,加密锁管理程序启动后,屏幕右下方的工具栏中将出现"🖰"。

图 6.2　启动加密锁管理程序图标

2)运行数控加工仿真系统

依次点击"开始"→"程序"→"数控加工仿真系统"→"数控加工仿真系统",系统将弹出如图6.3所示的"用户登录"界面。此时,可以通过点击"快速登录"按钮进入数控加工仿真系统的操作界面,或通过输入用户名和密码,再点击"登录"按钮,进入数控加工仿真系统。

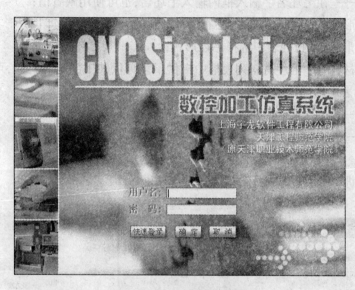

图6.3 "用户登录"界面

注:在局域网内使用本软件时,必须按上述方法先在教师机上启动"加密锁管理程序",等到教师机屏幕右下方的工具栏中出现"🔒"图标后,才可以在学生机上依次点击"开始"→"程序"→"数控加工仿真系统"→"数控加工仿真系统"登录到软件的操作界面。

2.机床、工件和刀具操作

1)选择机床

打开菜单"机床/选择机床…"或在工具条上选择"⬚",在选择机床对话框中选择控制系统类型和相应的机床并按"确定"按钮,此时界面如图6.4所示。数控仿真训练项目(一)选择 FANUC 0i Mate 系统的 TONMAC 数控铣床。

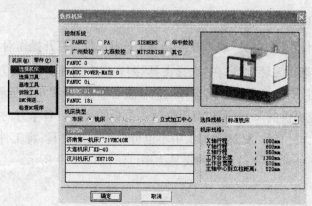

图6.4 "选择机床"对话框

2)工件操作

(1)定义毛坯。

打开菜单"零件/定义毛坯"或在工具条上选择"⬭",系统打开如图6.5或图6.6所示对话框,其中:

名字输入——在毛坯名字输入框内输入毛坯名,也可使用缺省值;

选择毛坯形状——铣床、加工中心有两种形状的毛坯供选择,即长方形毛坯和圆柱形毛坯,可以在"形状"下拉列表中选择毛坯形状;

选择毛坯材料——毛坯材料列表框中提供了多种供加工的毛坯材料,可根据需要在"材料"下拉列表中选择毛坯材料;

参数输入——尺寸输入框用于输入尺寸,单位为mm;

保存退出——按"确定"按钮,保存定义的毛坯并且退出本操作;

取消退出——按"取消"按钮,退出本操作。

数控仿真训练项目(一)定义的毛坯如图6.7所示。

图6.5　长方形毛坯定义

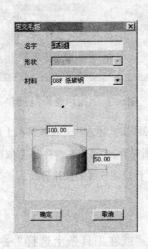

图6.6　圆柱形毛坯定义

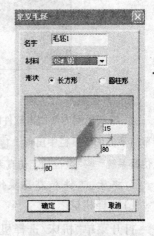

图6.7　数控仿真训练
项目(一)所选毛坯

(2)使用夹具。

打开菜单"零件/安装夹具"或者在工具条上选择"⛁",打开操作对话框。首先在"选择零件"列表框中选择毛坯;然后在"选择夹具"列表框中选择夹具,长方体零件可以使用工艺板或者平口钳,圆柱形零件可以选择工艺板或者卡盘,如图6.8所示。"夹具尺寸"输入框显示的是系统提供的尺寸,用户可以修改工艺板的尺寸。各个方向的"移动"按钮可调整毛坯在夹具上的位置。铣床和加工中心也可以不使用夹具,将工件直接放在机床台面上。数控仿真训练项目(一)选择的夹具为平口钳,如图6.9所示。

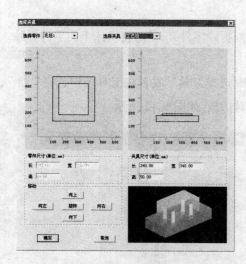

图 6.8　工艺板夹具

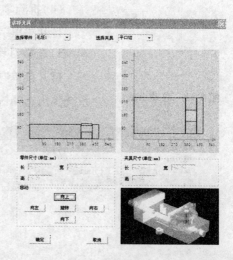

图 6.9　数控仿真训练项目(一)选择的夹具

(3)放置零件。

打开菜单"零件/放置零件"或者在工具条上选择"🖼",系统弹出操作对话框,如图 6.10 所示。在列表中点击所需的零件,选中的零件信息加亮显示,按下"安装零件"按钮,系统自动关闭对话框,零件和夹具(如果已经选择了夹具)将被放到机床上,对于卧式加工中心还可以在上述对话框中选择是否使用角尺板。如果选择了使用角尺板,那么在放置零件时,角尺板同时出现在机床台面上。零件可以在工作台面上移动。毛坯放在工作台上后,系统将自动弹出一个小键盘如图 6.11 所示,通过按动小键盘上的方向按钮,实现零件的平移和旋转或车床零件调头。小键盘上的"退出"按钮用于关闭小键盘。选择菜单"零件/移动零件"也可以打开小键盘。请在执行其他操作前关闭小键盘。本训练项目的零件放置后,不需小键盘移动调节工件和夹具位置。

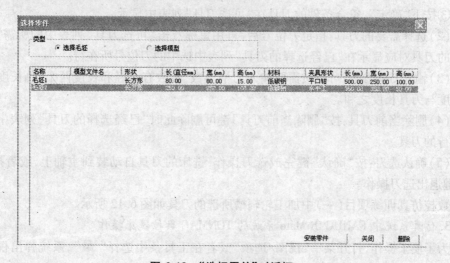

图 6.10　"选择零件"对话框

图6.11　移动小键盘

（4）拆除零件。

打开菜单"零件/拆除零件"，就可将机床上的零件拆除。

3）选择刀具

打开菜单"机床/选择刀具"或者在工具条中选择"⛏"，系统弹出选择铣刀对话框，如图6.12所示。

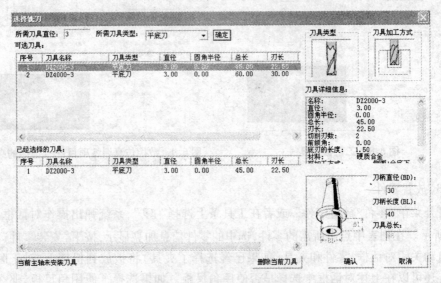

图6.12　"选择铣刀"对话框

（1）按条件列出工具清单，筛选的条件是直径和类型：

①在"所需刀具直径"框内输入直径，如果不把直径作为筛选条件，请输入数字"0"；

②在"所需刀具类型"下拉列表中选择刀具类型，可供选择的刀具类型有平底刀、平底带R刀、球头刀、钻头、镗刀等；

③按下"确定"，符合条件的刀具在"可选刀具"列表中显示。

（2）选择需要的刀具：指定刀位号后，再用鼠标点击"可选刀具"列表中的所需刀具，选中的刀具对应显示在"已经选择的刀具"列表中选中的刀位号所在行。

（3）输入刀柄参数：可以按需要输入刀柄参数，参数有直径和长度两个，总长度是刀柄长度与刀具长度之和。

（4）删除当前刀具：按"删除当前刀具"键可删除此时"已经选择的刀具"列表中光标所在行的刀具。

（5）确认选刀：按"确认"键完成选刀操作，铣床的刀具自动装到主轴上，或者按"取消"键退出选刀操作。

数控仿真训练项目（一）中加工轮辐槽所选的刀具如图6.12所示。

3. 仿真系统中FANUC 0i Mate系统的TONMAC数控铣床操作

为了便于操作，打开菜单"视图/选项"或者在工具条中选择"⬛"，系统弹出视图选项对话框，设置相应的参数，如图6.13所示。

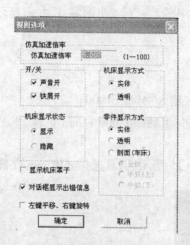

图 6.13　"视图选项"对话框

选择 FANUC 0i Mate 系统的 TONMAC 数控铣床,出现 FANUC 0i Mate 系统的 TON-MAC 数控铣床操作面板,如图 6.14 所示。

图 6.14　FANUC 0i Mate 系统的 TONMAC 数控铣床操作面板

1)开机

按下"接通"按钮,打开机床电源;按下"急停"按钮,使机床复位。

2)回零

(1)选择回零方式。

(2)按下"手动轴选择"中的"+Z",使回零 Z 方向指示灯亮起,并使机床 Z 坐标为零。

(3)按下"手动轴选择"中的"+X",使回零 X 方向指示灯亮起,并使机床 X 坐标为零。

（4）按下"手动轴选择"中的"＋Y"，使回零Y方向指示灯亮起，并使机床Y坐标为零。

3）设定转速

（1）选择 MDI 方式。

（2）按下"PROG 程序按钮，输入"M03 S1000；"。

（3）按下"循环启动"按钮，主轴以 1 000 r/min 正转。

4）对刀（试切法）

对刀时，刀具位置如图 6.15 所示，刀具选择 ϕ10 mm 立铣刀。

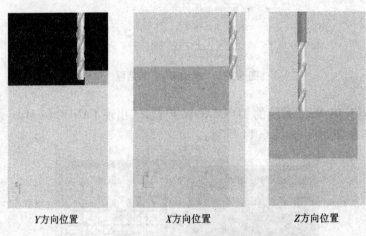

Y方向位置　　　　　　　X方向位置　　　　　　　Z方向位置

图 6.15　对刀时刀具位置

（1）打开菜单"视图/前视图"或者在工具条中选择"⬚"，并放大视图。

（2）按"主轴正转"按钮，使主轴转动，选择手动方式，移动 X 方向，使刀具处于工件上方。

（3）打开菜单"视图/左视图"或者在工具条中选择"⬚"。

（4）选择手动方式，移动 Y 方向，使刀具处于工件左边，然后移动"－Z"方向，使刀具下端处于工件上平面和夹具上平面之间；按"－Y"方向，使刀具靠近工件左边；选择手轮方式，手轮轴选择"Y"方向，倍率为"×10"，光标在"手摇脉冲发生器"按下鼠标左键，一旦发现有切屑马上停止进给。

（5）按"OFFSET SETING"键→按"坐标系"进入坐标系设定画面，将光标移到 G54～G57 的 G54 位置，输入"Y45"→按"测量"，则在 G54 坐标系里确定了工件的 Y 坐标原点。

（6）选择手动方式，先按"＋Z"方向，再按"－Y"方向，使刀具处于工件上方。

（7）打开菜单"视图/前视图"或者在工具条中选择"⬚"，选择手动方式，移动 X 方向，使刀具处于工件右边，然后移动"－Z"方向，使刀具下端处于工件上平面和夹具上平面之间；按"－X"方向，使刀具靠近工件右边；选择手轮方式，手轮轴选择"X"方向，倍率为"×10"，光标在"手摇脉冲发生器"按下鼠标左键，一旦发现有切屑马上停止进给。

（8）按"＞"键→按"坐标系"进入坐标系设定画面，将光标移到 G54～G57 的 G54 位置，输入"X45"→按"测量"，则在 G54 坐标系里确定了工件的 X 坐标原点。

(9)选择手动方式,先按"+Z"方向,再按"-X"方向,使刀具处于工件上方;选择手轮方式,手轮轴选择"Z"方向,倍率为"×10",光标在"手摇脉冲发生器"按下鼠标左键,一旦发现有切屑马上停止进给。

(10)按"OFFSET SETTING"键→按"坐标系"进入坐标系设定画面,将光标移到 G54～G57 的 G54 位置,输入"Z0"→按"测量",则在 G54 坐标系里确定了工件的 Z 坐标原点。

5)程序输入

程序输入步骤为:

(1)选择编辑方式,按下"PROG"键进入程序显示画面;

(2)输入"程序号"【EOB】【INSERT】;

(3)输入数控仿真训练项目(一)的程序内容(见中级训练项目(六)的参考程序)。

6)设置刀具参数

按"OFFSET SETTING"键→按"补正"进入刀具参数设定画面(图 6.16),光标移到"形状(D)"→输入"3.0"→按"INPUT"键。(设置刀补 D1:3.0 mm,加工轮辐槽)

图 6.16 刀具参数设定画面

7)自动加工

(1)打开所要加工的数控仿真训练项目(一)的程序。

(2)选择自动方式。

(3)按下"循环启动"按钮,实现自动加工。

项目 6.2 SIEMENS－802S 系统数控铣床的仿真加工操作

一、训练任务(计划学时:2)

在上海宇龙数控仿真系统中用 SIEMENS－802S 系统数控铣床加工如图 6.17 所示零件。

二、能力目标、知识目标

(1)能在 SIEMENS－802S 系统数控铣床仿真系统中加工零件。

(2)掌握上海宇龙数控仿真系统中 SIEMENS－802S 系统数控铣床的操作。

三、加工准备

上海宇龙数控仿真系统。

四、训练步骤

(1)练习仿真系统中 SIEMENS－802S 系统数控铣床的开机、回零、刀具补偿输入以及程序的输入、修改和调用。

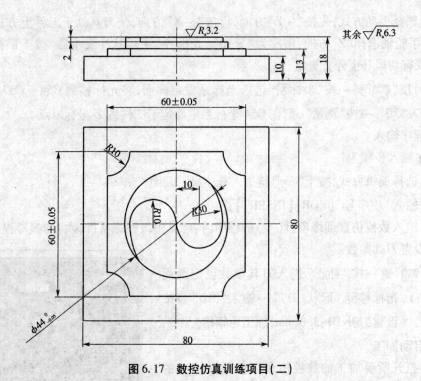

图 6.17　数控仿真训练项目(二)

(2)练习仿真系统中 SIEMENS－802S 系统数控铣床的对刀并进行检查。

(3)在仿真系统 SIEMENS－802S 系统数控铣床中输入数控仿真训练项目(二)的加工程序。

(4)在仿真系统 SIEMENS－802S 系统数控铣床中加工数控仿真训练项目(二)。

五、仿真操作

1.选择机床、工件和刀具

1)选择机床

打开菜单"机床/选择机床…"或在工具条上选择"🖥"，在选择机床对话框中选择控制系统类型和相应的机床并按"确定"按钮,此时界面如图 6.18 所示。选择 SIEMENS－802S(C)系统的标准数控铣床。

2)工件操作

(1)定义毛坯。

打开菜单"零件/定义毛坯"或在工具条上选择"▱",系统打开定义毛坯对话框。本训练项目定义的毛坯如图 6.19 所示。

(2)使用夹具。

打开菜单"零件/安装夹具"或者在工具条上选择"🛠",打开操作对话框。首先在"选择零件"列表框中选择毛坯;然后在"选择夹具"列表框中间选夹具,使用平口钳,各个方向的"移动"按钮可调整毛坯在夹具上的位置。铣床和加工中心也可以不使用夹具,将工件直接放在机床台面上。本训练项目选择的夹具为平口钳,如图 6.20 所示。

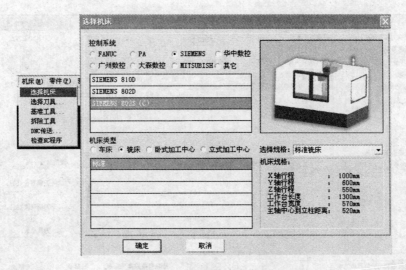

图 6.18　"选择机床"对话框

图 6.19　数控仿真训练
项目(二)所选毛坯

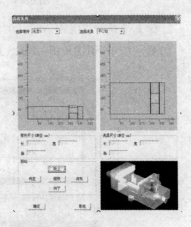

图 6.20　数控仿真训练
项目(二)选择的夹具

（3）放置零件。

打开菜单"零件/放置零件"或者在工具条上选择""，系统弹出操作对话框，在列表中点击所需的零件，选中的零件信息加亮显示，按下"安装零件"按钮，系统自动关闭对话框，零件和夹具(如果已经选择了夹具)将被放到机床上。本训练项目的零件放置后，不需小键盘移动调节工件和夹具位置。

3）选择刀具

打开菜单"机床/选择刀具"或者在工具条中选择"　"，系统弹出刀具选择对话框。本训练项目所选的刀具如图 6.21 所示。

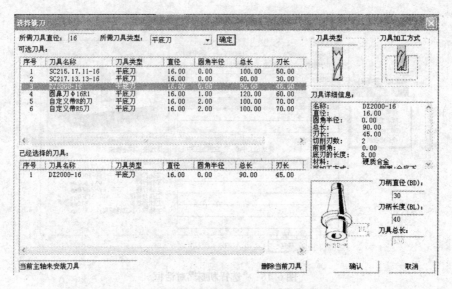

图 6.21　数控仿真训练项目(二)所选刀具

2. 仿真系统中 SIEMENS – 802S 系统数控铣床操作

仿真系统中 SIEMENS – 802S 系统数控铣床的 NC 面板和操作面板如图 6.22 所示。

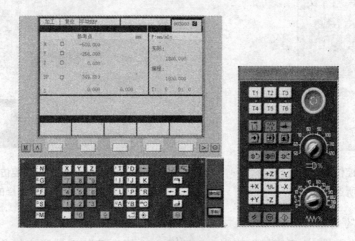

图 6.22　SIEMENS – 802S 系统数控铣床的 NC 面板和操作面板

1)开机

按下"紧急停止"按钮和"复位"按钮,使机床复位。

2)回零

(1)按"━━"键,选择回零方式。

(2)按住操作面板中的"+Z"按钮,直到使 Z 方向的"○"变为"◉"再松开,使机床 Z 坐标回零。

(3)按住操作面板中的"+Y"按钮,直到使 Y 方向的"○"变为"◉"再松开,使机床 Y 坐标回零。

(4)按住操作面板中的"+X"按钮,直到使 X 方向的"○"变为"⊕"再松开,使机床 X 坐标回零。

3)设定转速

(1)按"▦"键,选择 MDI 方式。

(2)输入"M03 S1000"。

(3)按下"◇"键,主轴以 1 000 r/min 正转。

4)设置刀具参数

(1)按"▣"键→按"参数"→按"刀具补偿"。

(2)按"＞"键→按"新刀具",进入新刀具设定对话框(图6.23)→输入相应的 T - 号和 T - 型→按"确认"键,弹出刀补设定界面,如图6.24所示。

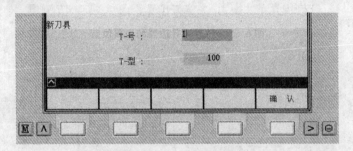

图 6.23 设定新刀具

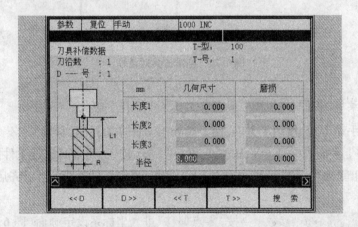

图 6.24 设定刀具补偿

(3)输入刀具半径"8"→按"回车"键,则设定刀具 T1 的半径为 8 mm。

5)对刀(寻边器法)

对刀时,寻边器和刀具位置如图6.25所示。

(1)打开菜单"机床/标准工具…",弹出标准工具对话框,选择右边的偏心寻边器按"确定",出现如图6.26所示基准工具;打开菜单"视图/前视图"或者在工具条中选择"▤",并放大视图。

(2)按"主轴正转"键,使主轴转动,选择手动方式,移动 X 方向,使刀具处于工件上方。

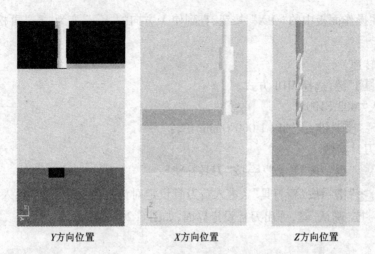

Y方向位置　　　　　　X方向位置　　　　　　Z方向位置

图 6.25　对刀时寻边器和刀具位置

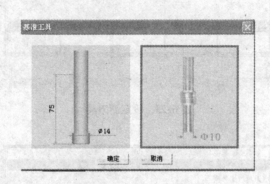

图 6.26　标准工具对话框

（3）打开菜单"视图/左视图"或者在工具条中选择"▣"。

（4）选择手动方式，移动 Y 方向，使刀具处于工件左边；然后移动"－Z"方向，使刀具下端处于工件上平面和夹具上平面之间；再按"－Y"按钮，使刀具靠近工件左边；然后选择增量方式，倍率为"×10"，不断按下"－Y"按钮，当偏心寻边器上下对齐后马上停止进给。

（5）按"▣"键→按"参数"→按"零点偏移"进入坐标系设定画面（图 6.27）；将光标移到坐标系 G54 后，再移到坐标轴 Y 的位置；按"测量"→选择刀具号 1→在零偏输入"－45"（寻边器直径为 10 mm）→按"计算"→按"确认"，则在 G54 坐标系里确定了工件的 X 坐标原点。

（6）选择手动方式，先按"＋Z"方向，再按"－Y"方向，使刀具处于工件上方。

（7）打开菜单"视图/前视图"或者在工具条中选择"▢"，选择手动方式，移动 X 方向，使刀具处于工件右边，然后移动"－Z"方向，使刀具下端处于工件上平面和夹具上平面之间；按"－X"方向，使刀具靠近工件右边，选择手轮方式，手轮轴选择"X"方向，倍率为"×10"，光标在"手摇脉冲发生器"按下鼠标左键，一旦发现有切屑马上停止进给。

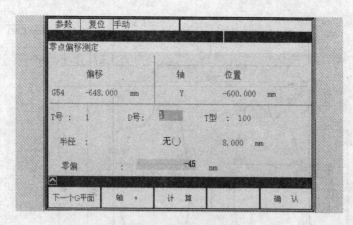

图 6.27　坐标系设定

(8)按"⊡"键→按"参数"→按"零点偏移"进入坐标系设定画面;将光标移到坐标系 G54 后,再移到坐标轴 X 的位置;按"测量"→选择刀具号 1→在零偏输入"-45"(寻边器直径为 10 mm)→按"计算"→按"确认",则在 G54 坐标系里确定了工件的 Y 坐标原点。

(9)Z 方向位置采用试切法确定。

(10)按"⊡"键→按"参数"→按"零点偏移"进入坐标系设定画面;将光标移到坐标系 G54 后,再移到坐标轴 Z 的位置;按"测量"→选择刀具号 1→在零偏输入"0"→按"计算"→按"确认",则在 G54 坐标系里确定了工件的 Z 坐标原点。

6)程序输入

程序输入步骤为:

(1)按"⊡"键→按"程序"→按" > "键→按"新程序";

(2)输入新程序名→按"确认"键;

(3)输入数控仿真训练项目(二)程序内容(见中级训练项目(四)的参考程序)。

7)自动加工

(1)选择自动方式。

(2)选择要加工的数控仿真训练项目(二)的程序。

(3)按下"循环启动"按钮,实现自动加工。

项目 6.3　华中世纪星系统数控铣床的仿真加工操作

一、训练任务(计划学时:2)

在上海宇龙数控仿真系统中用华中世纪星系统数控铣床加工如图 6.28 所示零件。

二、能力目标、知识目标

(1)能在华中世纪星系统数控铣床仿真系统中加工零件。

(2)掌握上海宇龙数控仿真系统中华中世纪星系统数控铣床的操作。

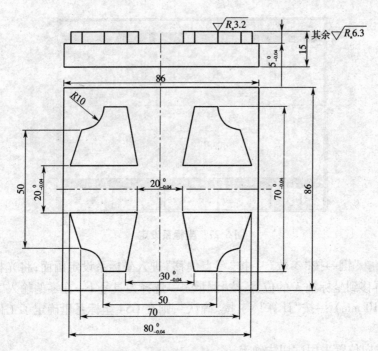

图 6.28 数控仿真训练项目(三)

三、加工准备

上海宇龙数控仿真系统。

四、训练步骤

(1)练习仿真系统中华中世纪星系统数控铣床的开机、回零、刀具补偿输入及程序的输入、修改和调用。

(2)练习仿真系统中华中世纪星系统数控铣床的对刀并进行检查。

(3)在仿真系统华中世纪星系统数控铣床中输入数控仿真训练项目(三)的加工程序。

(4)在仿真系统华中世纪星系统数控铣床中加工数控仿真训练项目(三)。

五、仿真操作

1. 选择机床、工件和刀具

1)选择机床

打开菜单"机床/选择机床…"或在工具条上选择"🖥",在选择机床对话框中选择控制系统类型和相应的机床并按"确定"按钮,此时界面如图 6.29 所示。本训练项目选择华中世纪星 4 代系统的标准数控铣床。

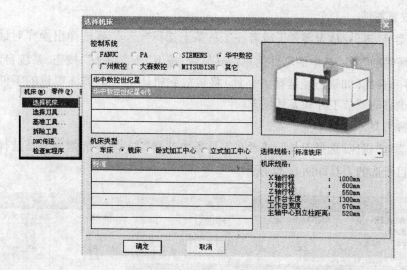

图 6.29 "选择机床"对话框

2)工件操作

(1)定义毛坯。

打开菜单"零件/定义毛坯"或在工具条上选择" ⊟ ",系统打开定义毛坯对话框。本训练项目定义的毛坯如图 6.30 所示。

(2)选择夹具。

打开菜单"零件/安装夹具"或者在工具条上选择" 凸 ",打开操作对话框。首先在"选择零件"列表框中选择毛坯;然后在"选择夹具"列表框中选择平口钳,各个方向的"移动"按钮可调整毛坯在夹具上的位置。铣床和加工中心也可以不使用夹具,将工件直接放在机床台面上。本训练项目选择的夹具为平口钳,如图 6.31 所示。

图 6.30 数控仿真训练
项目(三)所选毛坯

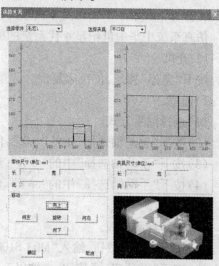

图 6.31 数控仿真训练项目(三)选择的夹具

（3）放置零件。

打开菜单"零件/放置零件"或者在工具条上选择"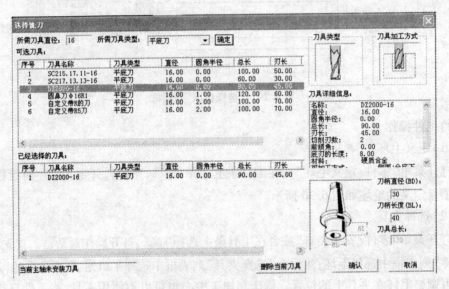"，系统弹出操作对话框，在列表中点击所需的零件，选中的零件信息加亮显示，按下"安装零件"按钮，系统自动关闭对话框，零件和夹具（如果已经选择了夹具）将被放到机床上。本训练项目的零件放置后，不需小键盘移动调节工件和夹具位置。

3）选择刀具

打开菜单"机床/选择刀具"或者在工具条中选择"　"，系统弹出刀具选择对话框，本训练项目所选的刀具如图 6.32 所示。

图 6.32　数控仿真训练项目（三）所选刀具

2. 仿真系统中华中世纪星 4 代系统的标准数控铣床操作

仿真系统中华中世纪星 4 代系统的标准数控铣床操作面板如图 6.33 所示。

1）开机

按下"急停"按钮，使机床复位。

2）回零

（1）选择回零方式。

（2）按下"手动轴选择"中的"＋Z"，使机床 Z 坐标为零。

（3）按下"手动轴选择"中的"＋X"，使机床 X 坐标为零。

（4）按下"手动轴选择"中的"＋Y"，使机床 Y 坐标为零。

3）设定转速

（1）选择自动方式。

（2）按下"MDI"按钮，输入"M03 S1000;"。

（3）按下"循环启动"按钮，主轴以 1 000 r/min 正转。

4）对刀（塞尺法）

对刀时，刀具位置如图 6.34 所示，刀具选用 φ16 mm 立铣刀。

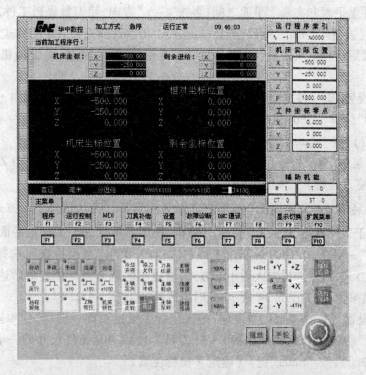

图 6.33 华中世纪星 4 代系统的标准数控铣床操作面板

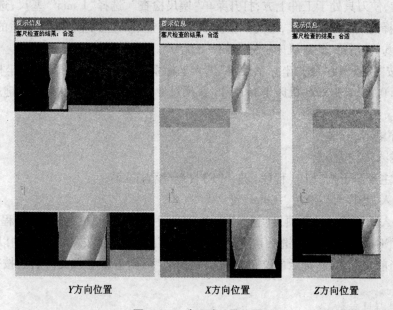

Y方向位置　　　　X方向位置　　　　Z方向位置

图 6.34 对刀时刀具位置

(1)打开菜单"视图/前视图"或者在工具条中选择"▯",并放大视图。

(2)选择手动方式,移动 X 方向,使刀具处于工件上方。

(3)打开菜单"视图/左视图"或者在工具条中选择"▯"。

(4)选择手动方式,移动 Y 方向,使刀具处于工件左边,然后移动"−Z"方向,使刀具下端处于工件上平面和夹具上平面之间;再按"－Y"方向,使刀具靠近工件左边;打开菜单"塞尺检查",选择"1 mm"塞尺;选择增量方式,倍率选择先大后小的方式,通过不断调节刀具位置最后达到塞尺松紧合适的检查结果为止,如图 6.34 所示,此时机床坐标为"Y－366.0"。

(5)按"设置"键→按"坐标系设定"进入坐标系设定画面→选择"G54 坐标系"→输入"Y－317.0"(Y＝－366(机床坐标)－8(刀具半径)－40(工件尺寸的一半)－1(塞尺尺寸)＝－317),按"Enter"键。(确定 Y 坐标位置)

(6)打开菜单"塞尺检查",选择"收回塞尺",选择手动方式,先按"＋Z"方向,再按"－Y"方向,使刀具处于工件上方。

(7)打开菜单"视图/前视图"或者在工具条中选择" 🖳 ",选择手动方式,移动 X 方向,使刀具处于工件右边,然后移动"－Z"方向,使刀具下端处于工件上平面和夹具上平面之间,再按"－X"方向,使刀具靠近工件右边;打开菜单"塞尺检查",选择"1 mm"塞尺;选择增量方式,倍率选择先大后小的方式,通过不断调节刀具位置最后达到塞尺松紧合适的检查结果为止,如图 6.34 所示,此时机床坐标为"X－451.0"。

(8)按"设置"键→按"坐标系设定"进入坐标系设定画面→选择"G54 坐标系"→输入"X－402.0"(X＝－451(机床坐标)－8(刀具半径)－40(工件尺寸的一半)－1(塞尺尺寸)＝－402.0),按"Enter"键。(确定 X 坐标位置)

(9)打开菜单"塞尺检查",选择"收回塞尺",选择手动方式,先按"＋Z"方向,再按"－X"方向,使刀具处于工件上方;打开菜单"塞尺检查",选择"1 mm"塞尺;选择增量方式,倍率选择先大后小的方式,通过不断调节刀具位置最后达到塞尺松紧合适的检查结果为止,如图 6.34 所示,此时机床坐标为"Z－332.0"。

(10)按"设置"键→按"坐标系设定"进入坐标系设定画面→选择"G54 坐标系"→输入"Z－333.0"(Z＝－332(机床坐标)－1(塞尺尺寸)＝－333),按"Enter"键。(确定 Z 坐标位置)

5)程序输入

程序输入步骤为:

(1)在主菜单下按[F1](程序)键→[F3](新建程序)键;

(2)输入"程序号"→按"Enter"键;

(3)输入数控仿真训练项目(三)程序内容(见中级训练项目(六)的参考程序);

(4)按[F4](保存程序)键后系统给出文件保存的文件名,按"Enter"键则以提示的文件名保存当前文件,如将提示的文件名改为其他名字,则重新输入文件名后按"Enter"键保存。

6)设置刀具参数

操作步骤为:

(1)在主菜单下按[F4](刀具补偿)键,进入刀具补偿功能子菜单;

(2)按[F2](刀补表)键,进入刀补表;

(3)用光标选择所选刀补号及要编辑的选项,按"Enter"键确定;

(4)输入刀具参数,按"Enter"键确定。

7)自动加工

操作步骤为:

(1)在主菜单下按[F1](程序)键,进入程序功能子菜单,再按[F1]键,进入程序选择菜单;

(2)将光标移到所要运行的程序,按"Enter"键,调用数控仿真训练项目(三)的程序;

(3)按"自动"按钮,进入程序运行方式;

(4)在主菜单下按[F2](运行控制)键;

(5)按"循环启动"键,运行所选择的程序。

注:在自动加工过程中,按下"进给保持"键(指示灯亮),则机床暂停运行,再按一下"循环启动"键,将继续加工。

思考与练习

1.仿真加工如图6.35所示工件,毛坯为100 mm×80 mm×20 mm的45钢,六面已加工完毕。

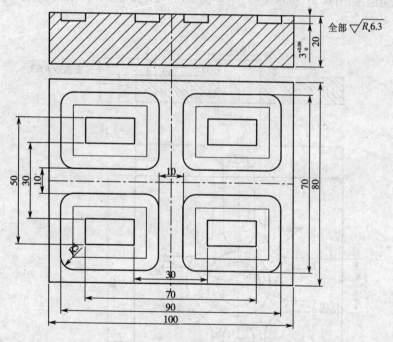

图6.35 仿真加工练习项目(一)

2.仿真加工如图6.36所示工件,毛坯为72 mm×72 mm×16 mm的45钢,六面已加工完毕。

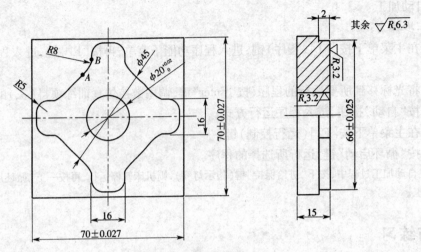

图 6.36　仿真加工练习项目(二)

$A(-11.8,19.16)$;$B(-8,25.97)$

3.仿真加工如图 6.37 所示工件,毛坯为 80 mm × 80 mm × 17 mm 的 45 钢,六面已加工完毕。

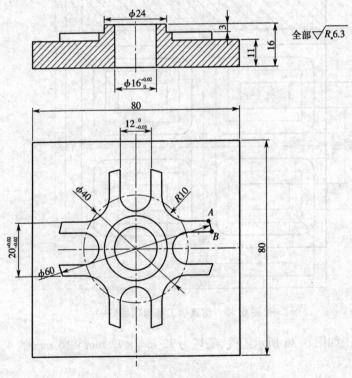

图 6.37　仿真加工练习项目(三)

$A(28.28,10)$;$B(29.39,6)$

加工中心的操作

模块 7

加工中心是备有刀库,具有自动换刀功能,对工件一次装夹后进行多工序加工的数控机床。

加工中心的操作主要介绍加工中心的基本操作、编程步骤和方法,重点介绍长度补偿指令在加工中心的运用。

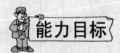

能力目标

能操作 TH7640A 加工中心和 ZH7640 加工中心。

知识目标

掌握 TH7640A 加工中心的长度补偿指令。

掌握 TH7640A 加工中心的编程步骤。

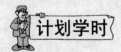

计划学时

4 学时。

项目 7.1 加工中心的操作——加工中心零件加工

一、训练任务(计划学时:4)

加工如图 7.1 所示工件,毛坯尺寸为 80 mm × 120 mm × 19.5 mm 的 45 钢,试编写其加工工艺卡和加工程序。

二、能力目标、知识目标

能运用加工中心加工复杂零件,掌握加工中心的基本操作和编程方法。

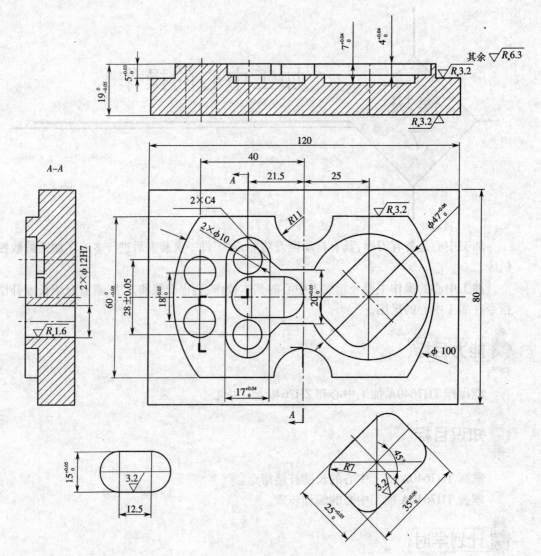

图 7.1 加工中心训练项目

三、加工准备

(1)选用机床:TH7640A 加工中心(FANUC 0i Mate-MB 系统)或 ZH7640 加工中心(SIEMENS-802S 系统)。

(2)选用夹具:精密平口钳。

(3)使用毛坯:80 mm×120 mm×19.5 mm 的 45 钢,六面已加工。

(4)工具、量具、刀具参照备注配备。

四、训练步骤

(1)分析零件(图 7.1)铣削加工起刀点、换刀点、加工切入点及走刀路线并编写加工工艺。

（2）编写零件加工程序。

（3）输入程序并检验。

（4）操作加工中心加工零件。

五、工艺分析

1. 加工工艺内容

工件轮廓要求较高，表面结构值要求较小，零件采用平口钳装夹，工件的坐标系设在工件上表面、零件的对称中心处。

2. 加工工艺卡

本零件加工工艺卡如表7.1所示。

表7.1　加工工艺卡

机床：加工中心				加工数据表			
工序	加工内容	刀具	刀具材料	刀具类型	主轴转速（r/min）	进给量（mm/min）	刀具补偿号（FANUC/SIEMENS）
1	铣上平面	T01	硬质合金	φ80 mm 可转位面铣刀	500	60	D01、H01/D1
2	加工外形	T02	高速钢	φ16 mm 立铣刀	600	60	D02、H02/D2
3	钻2×φ3 mm中心定位孔	T03	高速钢	φ3 mm 中心钻	1500	30	D03、H03/D3
4	钻2×φ11.8 mm孔	T04	高速钢	φ11.8 mm 钻头	600	30	D04、H04/D4
5	铣上层内型腔	T02	高速钢	φ16 mm 立铣刀	600	60	D02、H02/D2
6	铣腔内的两个凹形槽	T05	高速钢	φ12 mm 键槽铣刀	800	50	D05、H05/D5
7	铣削2×φ10 mm孔	T06	高速钢	φ10 mm 键槽铣刀	1 000	20	D06、H06/D6
8	铰2×φ12H7孔	T07	高速钢	φ12 mm 铰刀	300	30	D07、H07/D7

3. 走刀路径

加工外形时采用切线切入；加工上层内型腔时采用螺旋下刀，加工腔内的两个凹形槽时采用直接下刀。

六、支撑知识

1. FANUC 0i 系统刀具长度补偿（G43，G44，G49）

1）长度补偿的目的

刀具长度补偿功能用于在 Z 轴方向的刀具补偿，它可使刀具在 Z 轴方向的实际位移量大于或小于编程给定位移量。

有了刀具长度补偿功能，当加工中刀具因磨损、重磨、换新刀而发生长度变化时，可不必修改程序中的坐标值，只要修改存放在寄存器中刀具长度补偿值即可。

其次，若加工一个零件需用几把刀，各刀的长度不同，编程时不必考虑刀具长短对坐标值的影响，只要把其中一把刀设为标准刀，其余各刀相对标准刀设置长度补偿值即可。

2）长度补偿格式

G01/G00　G43　Z __ H __

G01/G00   G44   Z＿＿ H＿＿

…

G01/G00   G49

其中   G43——刀具长度正补偿；

G44——刀具长度负补偿；

G49——取消刀具长度补偿；

Z——工件坐标系中的 Z 坐标值；

H——偏置号，后面一般用两位数字表示代号，H 代码中放入刀具的长度补偿值作为偏置量，这个号码与刀具半径补偿共用。

3）长度补偿的使用

无论是采用绝对方式还是增量方式编程，对于存放在 H 中的数值，在 G43 时是加到 Z 轴坐标值中，在 G44 时是从原 Z 轴坐标中减去，从而形成新的 Z 轴坐标，如图 7.2 所示。

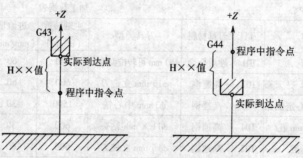

图 7.2   刀具长度补偿

执行 G43 时，Z 实际值 = Z 指令值 + H × × ；

执行 G44 时，Z 实际值 = Z 指令值 − H × × 。

当偏置量是正值时，G43 指令是在正方向移动一个偏置量，G44 则是在负方向移动一个偏置量。偏置量是负值时，则与上述反方向移动。

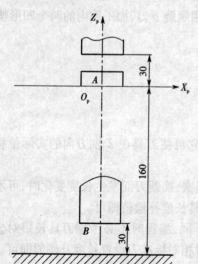

图 7.3   刀具长度补偿实例

如图 7.3 所示，程序段为

G90   G00   G44   Z30   H01

其中：H01 = 160 mm，执行时，指令为 A 点，实际到达 B 点；G43，G44 是模态 G 代码，在遇到同组其他 G 代码之前均有效。

注：所有刀具在建立或取消刀具长度补偿时，Z 值必须为正的长度补偿值（如 G49 Z150、G43 Z100 H1）；否则可能出现刀具与工件相撞的事故。

4）长度补偿值 H 的确定

在编程时，工件坐标系原点 Z0 一般取在工件的上表面。因此需要选择一把基准刀来确定工件坐标系 G54 的原点 Z0（其刀具长度补偿值设为 0），而其他的刀具则必须采用长度补偿值 H。

长度补偿值 Hn = 刀具 Tn 的长度 − 基准刀具 T1 的长度

长度补偿值 H 的确定有以下两种方法。

(1)使刀具旋转,移动 Z 轴,使刀具接近工件上表面(应在工件今后被切除部位)。当刀具刀刃在工件表面切出一个圆圈或把粘在工件上的薄纸片(浸有切削液)转飞时,记录每把刀具当前的 Z 轴机床(机械)坐标值。使用薄纸片时,应把当前的 Z 轴机床(机械)坐标值减去纸片厚度 0.01 ~ 0.02 mm。

长度补偿值 Hn = 刀具 Tn 的(机械)坐标值 - 基准刀具 T1 的(机械)坐标值

(2)使用机外对刀仪测量每把刀具的长度。

长度补偿值 Hn = 刀具 Tn 的长度 - 基准刀具 T1 的长度

5)长度补偿值 H 的输入

按"OFFSET/SETING"键→按"补正"键,进入刀具补偿存储器页面→把光标移动到所要设置的刀具"番号"与"形状(H)"相交的位置→输入所要设置的长度补偿值。

2. SIEMENS - 802S 系统刀具长度补偿

1)长度补偿格式

G01/G00 Z __ T __ D __

其中　Z——工件坐标系中的 Z 坐标值;

T——刀具号,后面一般用两位数字表示代号;

D——刀补号,后面一般用两位数字表示代号,包括刀具的半径补偿和长度补偿。

如"G90 G54 G0 Z200 T1 D1"表示工件坐标系建立,刀具长度补偿加入,并快速移到工件坐标"Z200"处。

2)长度补偿值的确定

与 FANUC 0i 系统的长度补偿值的确定相同。

3)长度补偿值的输入

按"▣"键→按"参数"→按"刀具补偿"→选择相应的刀具号和刀补号→把光标移到"长度1",并输入相应的刀具长度补偿值。

3. 加工中心程序格式

1)FANUC 0i-MB 系统程序格式

O00010	程序名
G91　G28　Z0	主轴快速移到换刀点
M06 T1	换 1 号刀
G90 G54 G0 G43 H1 Z200	刀具建立长度补偿,并快速移到 Z200 处
M03 S800	主轴正转,转速 800 r/min
M08	冷却液开
…	加工
…	加工
G91 G49 G28 Z0	取消刀具长度补偿,Z 轴快速移到换刀点
M09	冷却液关
M05	主轴停止
M06 T2	换 2 号刀
G90 G0 G43 H2 Z200	刀具建立长度补偿,并快速移到 Z200 处
M03 S800	主轴正转,转速 800 r/min

M08	冷却液开
…	加工
…	加工
G91 G49 G28 Z0	取消刀具长度补偿,Z轴快速移到换刀点
M09	冷却液关
M05	主轴停止
M30	程序结束

2)SIEMENS – 802S 系统程序格式(主轴要回零)

AB0010	程序名
M06 T1	换 1 号刀
G90 G54 G0 Z200 D1	工件坐标系建立,刀具长度补偿加入,并快速移到 Z200 处
M41	低速挡开,小于 1 000 r/min
M03 S800	主轴正转,转速 800 r/min
M08	冷却液开
…	加工
…	加工
M09	冷却液关
M05	主轴停止
M06 T2	换 2 号刀
G90 G0 G54 Z200 D2	工件坐标系建立,刀具长度补偿加入,并快速移到 Z200 处
M03 S800	主轴正转,转速 800 r/min
M08	冷却液开
…	加工
…	加工
M09	冷却液关
M05	主轴停止
M30	程序结束

七、加工程序

1. 加工程序(FANUC 0i – MB 系统)

O0070	主程序名
G0 G28 G91 Z0	快速返回换刀点
T01 M06	换 1 号刀具(ϕ80 mm 可转位面铣刀)
S500 M03	主轴正转,转速 500 r/min
G0 G90 G54 Z50 H01	工件坐标系建立,刀具长度补偿加入,并快速移到 Z50 位置
X105 Y0	快速定位
M08	冷却液开

Z0. 1	快速下刀
G01 X – 105 F100	平面铣削进刀
G0 Z20	抬刀
X105 Y0	快速定位
S800	转速 800 r/min
Z0	快速下刀
G01 X – 105 F60	平面铣削进刀
G49 G0 Z200	抬刀,取消刀具长度补偿
M09	冷却液关
M05	主轴停止
G28 G91 Z0	刀具返回换刀点
T02 M06	换 2 号刀具(φ16 mm 立铣刀)
S600 M03	主轴正转,转速 600 r/min
G90 G0 Z50 H02	刀具长度补偿加入,并快速移到 Z50 位置
X70 Y50	快速定位
M08	冷却液开
Z2	快速下刀
G01 Z – 5 F50	进刀加工
Y40	铣削外形多余的材料
X – 60	
Y – 40	
X60	
Y50	
G0 Z50	快速抬刀
M98 P0071	调用子程序 O0071,铣削轮廓外形
G0 G49 G90 Z50	快速抬刀,取消刀补
M09	冷却液关
M05	主轴停止
G28 G91 Z0	刀具返回换刀点
T03 M06	换 3 号刀具(φ3 mm 中心钻)
S1500 M03 F30	主轴正转,转速 1 500 r/min,进给速度 30 mm/min
G90 G0 Z50 H03	刀具长度补偿加入,并快速移到 Z50 位置
G0 Z20	快速下刀到 Z20 位置
M08	冷却液开
G81 X – 40 Y9 Z – 4 R3	钻孔循环,钻孔 1
X – 40 Y – 9	钻孔 2
G0 G90 G49 Z50	快速抬刀,取消刀补
M09	冷却液关
M05	主轴停止
G28 G91 Z0	刀具返回换刀点

T04 M06	换 4 号刀具(φ11.8 mm 钻头)
S600 M03 F30	主轴正转,转速 600 r/min,进给速度 30 mm/min
G90 G0 Z50 H04	刀具长度补偿加入,并快速移到 Z50 位置
G0 Z20	快速下刀
M08	冷却液开
G83 X−40 Y9 Z−25 R3 Q5	深孔钻孔循环,钻孔 1
X−40 Y−9	钻孔 2
G81 X25 Y0 Z−6	钻孔循环,钻削工艺孔
G0 G90 G49 Z50	快速抬刀,取消刀具长度补偿
M09	冷却液关
M05	主轴停止
G28 G91 Z0	刀具返回换刀点
T02 M06	换 2 号刀具(φ16 mm 立铣刀)
S600 M03	主轴正转,转速 600 r/min
G0 G90Z50 H02	刀具长度补偿加入,并快速移到 Z50 位置
X25 Y0	快速定位
M08	冷却液开
M98 P0072	调用子程序 O0072,铣削加工内型腔上层
G0 G90 G49 Z50	快速抬刀,取消刀具长度补偿
M09	冷却液关
M05	主轴停止
G28 G91 Z0	刀具返回换刀点
T05 M06	换 5 号刀具(φ12 mm 键槽铣刀)
S800 M03	主轴正转,转速 800 r/min
G0 G90 Z50 H05	刀具长度补偿加入,并快速移到 Z50 位置
X−7.5 Y0	快速定位
M08	冷却液开
M98 P0073	调用子程序 O0073,铣削加工圆形凹槽
G0 Z50	快速抬刀
X25 Y0	快速定位
G68 X25 Y0 R45	坐标系旋转 45 度
M98 P0074	调用子程序 O0074,铣削加工矩形凹槽
G69	取消坐标系平移和旋转
G0 G49 Z50	快速抬刀,取消刀具长度补偿
M09	冷却液关
M05	主轴停止
G28 G91 Z0	刀具返回换刀点
T06 M06	换 6 号刀具(φ10 mm 键槽铣刀)
S1000 M03 F30	主轴正转,转速 1 000 r/min,进给速度 20 mm/min
G0 G90 Z50 H06	刀具长度补偿加入,并快速移到 Z50 位置

M08	冷却液开
G81 X21.5 Y14 Z −7 R3	钻孔循环,铣孔 3
X −21.5 Y −14	铣孔 4
G0 G90 G49 Z50	快速抬刀,取消刀具长度补偿
M09	冷却液关
M05	主轴停止
G28　G91　Z0	刀具返回换刀点
T07 M06	换 7 号刀具(ϕ12 mm 铰刀)
S300 M03 F30	主轴正转,转速 300 r/min,进给速度 30 mm/min
G0 G90 Z50 H07	刀具长度补偿加入,并快速移到 Z50 位置
M08	冷却液开
G85 X −40 Y9 Z −22 R3	孔加工循环,铰孔 1
X −40 Y −9	铰孔 2
G0 G90 G49 Z200	快速抬刀
M09	冷却液关
M05	主轴停止
M30	程序结束并返回
O0071	轮廓外形加工子程序
G0 X70 Y −50	快速定位
Z2	快速下刀
G01 Z −5 F500	进刀到切削深度
G01 G41 X60 Y −30 F60 D02	建立刀具半径左补偿,进给速度 60 mm/min
X11	切入并加工
G03 X −11 Y −30 R11	轮廓加工
X −40	轮廓加工
G02 X −40 Y30 R50	轮廓加工
G01 X −11	轮廓加工
G03 X11 R11	轮廓加工
G01 X40	轮廓加工
G02 X40 Y −30 R50	轮廓加工
G01 Y −35	轮廓加工
G0 Z50	快速抬刀
G40 X70 Y −50	取消刀补
M99	子程序结束
O0072	内型腔上层加工子程序
G0 X25 Y0	快速定位
Z2	快速下刀
G01 Z −4 F30	进刀到切削深度
G01 G41 X10　Y10　D02	建立刀具半径左补偿,进给速度 30 mm/min

X3. 374	切入并加工
X – 9	轮廓加工
X – 13 Y14	轮廓加工
G03 X – 30 Y14 R8. 5	轮廓加工
G01 Y – 14	轮廓加工
G03 X – 13 Y – 14 R8. 5	轮廓加工
G01 X – 9 Y – 10	轮廓加工
X3. 734	轮廓加工
G03 X3. 734 Y10 R – 23. 5	轮廓加工
G01 X – 10	轮廓加工
G01 Z2 F20	抬刀
G0 G40 Y10	取消刀补
M99	子程序结束
O0073	圆形凹槽键加工子程序
G0 X0 Y0	快速定位
G0 G41 X0 Y7. 5 D05	建立刀具半径左补偿
G0 X – 10	切线切入定位
G01 Z – 7 F20	进刀到切削深度,进给速度 20 mm/min
G01 X – 20 F50	轮廓加工,进给速度 50 mm/min
G03 X – 20 Y – 7. 5 R7. 5	轮廓加工
G01 X7. 5	轮廓加工
G03 X7. 5 Y7. 5 R7. 5	轮廓加工
G01 X – 12	轮廓加工
G01 Z – 3 F200	抬刀
G0 Z50	快速抬刀
G0 G40 X0 Y0	取消刀补
M99	子程序结束
O0074	矩形凹槽键加工子程序
G0 X25 Y0	快速定位
Z – 2	快速下刀
G01 Z – 7 F20	进刀到切削深度,进给速度 20 mm/min
G01 G41 X12. 5 Y0 F50 D05	建立刀具半径左补偿
G03 X25 Y – 12. 5 R12. 5	圆弧切入
G01 X35. 5	轮廓加工
G03 X42. 5 Y – 5. 5 R7	轮廓加工
Y5. 5	轮廓加工
G03 X35. 5 Y12. 5 R7	轮廓加工
G01 X – 10. 5	轮廓加工
G03 X7. 5 Y – 5. 5 R7	轮廓加工

G01 Y - 5.5	轮廓加工
G03 X35.5 Y - 12.5 R7	轮廓加工
G01 X27	轮廓加工
G01 Z3	抬刀
G0 G40 Y0	取消刀补
G0 Z100	快速抬刀
M99	子程序结束

2. 加工程序(SIEMENS - 802S 系统)

CZY1. MPF	主程序名
G90 G94 G40 G17	采用绝对编程,进给速度为 mm/min,取消刀补,选择 X/Y 平面
T1 M6	换 1 号刀具(ϕ80 mm 可转位面铣刀)
M41	低速挡开
S500 M3	主轴正转,转速 500 r/min
G0 G54 Z50 D1	工件坐标系建立,刀具长度补偿加入
X105 Y0	快速定位
M8	冷却液开
Z0. 1	快速下刀
G01 X - 105 F100	平面铣削进刀
G0 Z20	抬刀
X105 Y0	快速定位
S800	转速 800 r/min
Z0	快速下刀
G01 X - 105 F60	平面铣削进刀
G0 Z200	抬刀
M9	冷却液关
M5	主轴停止
T2 M6	换 2 号刀具(ϕ16 mm 立铣刀)
M41	低速挡开
S600 M3	主轴正转,转速 600 r/min
G0 G54 Z50 D2	工件坐标系建立,刀具长度补偿加入
X70 Y50	快速定位
M8	冷却液开
Z2	快速下刀
G01 Z - 5 F50	进刀加工
Y40	铣削外形多余的材料
X - 60	
Y - 40	
X60	

Y50	
G0 Z50	快速抬刀
L1	调用子程序 L1,铣削轮廓外形
G0 G90 Z50	快速抬刀
M9	冷却液关
M5	主轴停止
T3 M6	换 3 号刀具(ϕ3 mm 中心钻)
M42	高速挡开
S1500 M3 F30	主轴正转,转速 1 500 r/min,进给速度 30 mm/min
G0 G54 Z50 D3	工件坐标系建立,刀具长度补偿加入
X –40 Y9	快速定位孔1
M8	冷却液开
R101 = 30 R102 = 0 R103 = 3	
R104 = – 4 R105 = 0	参数
LCYC82	钻孔循环,钻孔1
X –40 Y –9	钻孔2
G0 G90 Z50	快速抬刀
M9	冷却液关
M5	主轴停止
T4 M6	换 4 号刀具(ϕ11.8 mm 钻头)
M41	低速挡开
S600 M3 F30	主轴正转,转速 600 r/min,进给速度 30 mm/min
G0 G54 Z50 D4	工件坐标系建立,刀具长度补偿加入
X –40 Y9	快速定位孔1
M8	冷却液开
R101 = 30 R102 = 0 R103 = 3	
R104 = – 25 R105 = 0 R107 = 30	
R108 = 30 R109 = 0 R110 = – 7	
R111 = 5 R127 = 0	参数
LCYC83	深孔钻孔循环,钻孔1
X –40 Y –9	钻孔2
G0 X25 Y0	快速定位工艺孔位置
R101 = 30 R102 = 0 R103 = 3	
R104 = – 6 R105 = 0	参数
LCYC82	钻孔循环,钻削工艺孔
G0 G90 Z50	快速抬刀
M9	冷却液关
M5	主轴停止
T2 M6	换 2 号刀具(ϕ16 mm 立铣刀)

S600 M3	主轴正转,转速 600 r/min
G0 G54 Z50 D2	工件坐标系建立,刀具长度补偿加入
X25 Y0	快速定位
M8	冷却液开
L2	调用子程序 L2,铣削加工内型腔上层
G0 G90 Z50	快速抬刀
M9	冷却液关
M5	主轴停止
T5 M6	换 5 号刀具(ϕ12 mm 键槽铣刀)
S800 M3	主轴正转,转速 800 r/min
G0 G54 Z50 D5	工件坐标系建立,刀具长度补偿加入
X – 7.5 Y0	快速定位
M8	冷却液开
L3	调用子程序 L3,铣削加工圆形凹槽
G0 Z50	快速抬刀
X25 Y0	快速定位
G158 X25 Y0	坐标系平移
G259 RPL = 45	坐标系旋转 45 度
L4	调用子程序 L4,铣削加工矩形凹槽
G158	取消坐标系平移和旋转
G0 Z50	快速抬刀
M9	冷却液关
M5	主轴停止
T6 M6	换 6 号刀具(ϕ10 mm 键槽铣刀)
M42	高速挡开
S1000 M3 F30	主轴正转,转速 1 000 r/min,进给速度 30 mm/min
G0 G54 Z50 D6	工件坐标系建立,刀具长度补偿加入
X21.5 Y14	快速定位
M08	冷却液开
R101 = 30 R102 = 0 R103 = 3	
R104 = – 7 R105 = 0	参数
LCYC82	钻孔循环,铣孔 3
X – 21.5 Y – 14	铣孔 4
G0 G90 Z50	快速抬刀
M9	冷却液关
M5	主轴停止
T7 M6	换 7 号刀具(ϕ12 mm 铰刀)
M41	低速挡开
S300 M3 F30	主轴正转,转速 300 r/min,进给速度 30 mm/min

G0 G54 Z50 D7	工件坐标系建立,刀具长度补偿加入
X－40 Y9	快速定位孔1
M8	冷却液开
R101＝30 R102＝0 R103＝3 R104＝－22	
R105＝0 R107＝30 R108＝100	参数
LCYC85	孔加工循环,铰孔1
X－40 Y－9	铰孔2
G0 G90 Z200	快速抬刀
M9	冷却液关
M5	主轴停止
M30	程序结束并返回
L1. SPF	轮廓外形加工子程序
G0 X70 Y－50	快速定位
Z2	快速下刀
G01 Z－5 F500	进刀到切削深度
G01 G41 X60 Y－30 F60	建立刀具半径左补偿,进给速度60 mm/min
X11	切入并加工
G03 X－11Y－30 CR＝11	轮廓加工
X－40	轮廓加工
G02 X－40 Y30 CR＝50	轮廓加工
G01 X－11	轮廓加工
G03 X11 CR＝11	轮廓加工
G01 X40	轮廓加工
G02 X40 Y－30 CR＝50	轮廓加工
G01 Y－35	轮廓加工
G0 Z50	快速抬刀
G40 X70Y－50	取消刀补
M17	子程序结束
L2. SPF	内型腔上层加工子程序
G0 X25 Y0	快速定位
Z2	快速下刀
G01 Z－4 F30	进刀到切削深度
G01 G41 X10　 Y10 F30	建立刀具半径左补偿,进给速度30 mm/min
X3. 374	切入并加工
X－9	轮廓加工
X－13 Y14	轮廓加工
G03 X－30 Y14 CR＝8. 5	轮廓加工
G01 Y－14	轮廓加工
G03 X－13 Y－14 CR＝8. 5	轮廓加工

G01 X - 9 Y - 10	轮廓加工
X3. 734	轮廓加工
G03 X3. 734 Y10 CR = - 23. 5	轮廓加工
G01 X - 10	轮廓加工
G01 Z2 F20	抬刀
G0 G40 Y10	取消刀补
M17	子程序结束
L3. SPF	圆形凹槽加工子程序
G0 X0 Y0	快速定位
G0 G41 X0 Y7. 5	建立刀具半径左补偿
G0 X - 10	切线切入定位
G01 Z - 7 F20	进刀到切削深度,进给速度 20 mm/min
G01 X - 20 F50	轮廓加工,进给速度 50 mm/min
G03 X - 20 Y - 7. 5 CR = 7. 5	轮廓加工
G01 X7. 5	轮廓加工
G03 X7. 5 Y7. 5 CR = 7. 5	轮廓加工
G01 X - 12	轮廓加工
G01 Z - 3 F200	抬刀
G0 Z50	快速抬刀
G0 G40 X0 Y0	取消刀补
M17	子程序结束
L4. SPF	矩形凹槽加工子程序
G0 X0 Y0	快速定位
Z - 2	快速下刀
G01 Z - 7 F20	进刀到切削深度,进给速度 20 mm/min
G01 G41 X - 12. 5 Y0 F50	建立刀具半径左补偿
G03 X0 Y - 12. 5 CR = 12. 5	圆弧切入
G01 X10. 5	轮廓加工
G03 X17. 5 Y - 5. 5 CR = 7	轮廓加工
Y5. 5	轮廓加工
G03 X10. 5 Y12. 5 CR = 7	轮廓加工
G01 X - 10. 5	轮廓加工
G03 X - 17. 5 Y - 5. 5 CR = 7	轮廓加工
G01 Y - 5. 5	轮廓加工
G03 X10. 5 Y - 12. 5 CR = 7	轮廓加工
G01 X2	轮廓加工
G01 Z3	抬刀
G0 G40 Y0	取消刀补
G0 Z100	快速抬刀

M17 　　　　　　　　子程序结束

注:孔 1 为(-40,9)处的 ϕ12H7 mm 孔;

　　孔 2 为(-40,-9)处的 ϕ12H7 mm 孔;

　　孔 3 为(-21.5,14)处的 ϕ10 mm 孔;

　　孔 4 为(-21.5,-14)处的 ϕ10 mm 孔。

八、加工要求及评分标准

加工中心训练项目的加工要求及评分标准见表7.2。

表7.2　加工中心训练项目评分表

工件编号		7.1				
项目与配分		序号	技术要求	配分	评分标准	检查记录	得分
工件加工评分(70分)	外形	1	$60_{-0.05}^{0}$	5	超差全扣		
		2	$\phi100_{-0.05}^{0}$	3	超差全扣		
		3	$R11$	2	超差全扣		
		4	$R_a3.2\ \mu m$	2	超差全扣		
	孔	5	ϕ12H7(两处)	6	每错一处扣3分		
		6	18 ± 0.05、28 ± 0.05	8	每错一处扣3分		
		7	ϕ10	2	超差全扣		
		8	$R_a1.6\ \mu m$	3	超差全扣		
	内型腔	9	$\phi47_{0}^{+0.06}$、$17_{0}^{+0.04}$、$20_{0}^{+0.05}$	15	每错一处扣5分		
		10	$35_{0}^{+0.06}$、$25_{0}^{+0.05}$、$15_{0}^{+0.05}$、12.5	12	每错一处扣5分		
		11	$R_a3.2\ \mu m$	2	超差全扣		
	平面	12	$R_a3.2\ \mu m$	5	超差全扣		
	其他	13	工件无缺陷	5	缺陷一处扣2分		
程序与工艺(20分)		14	加工工艺卡	10	不合理一处扣2分		
		15	程序正确合理	10	每错一处扣2分		
机床操作(10分)		16	机床操作规范	5	出错一次扣2分		
		17	工件、刀具装夹	5	出错一次扣2分		
安全文明生产		18	安全操作	倒扣	安全事故扣5~30分		
		19	机床整理	倒扣			

思考与练习

1. 加工如图 7.4 所示工件,毛坯为 104 mm×104 mm×24 mm 的 45 钢,试编写其加工工艺卡和加工程序。

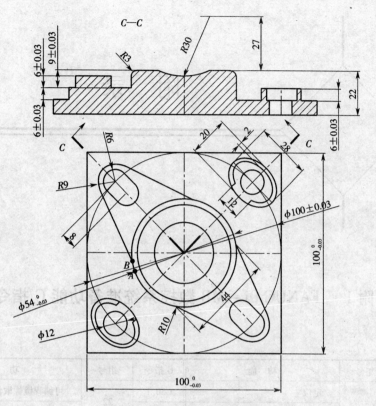

图 7.4 加工中心练习项目(一)

A(−26.43,−7.8);B(−27.16,−5.61)

2.加工如图7.5所示工件,毛坯为104 mm×84 mm×26 mm的45钢,试编写其加工工艺卡和加工程序。

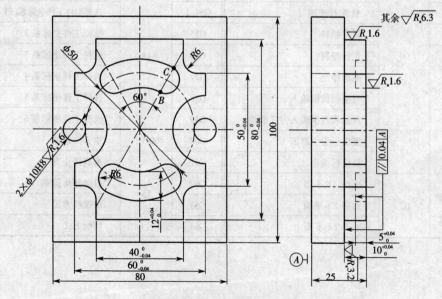

图 7.5 加工中心练习项目(二)

B(9.56,16.42);C(15.6,26.79)

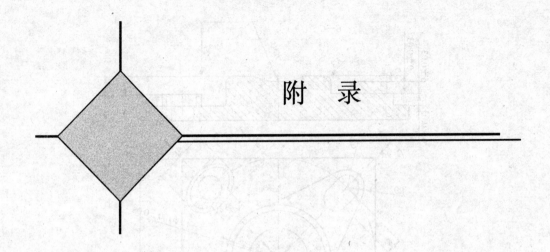

附　录

附1　FANUC 0i – MB 数控系统准备功能 G 指令

G 指令	组号	功　能	G 指令	组号	功　能
G00 *		定位	G50.1	22	可编程镜像取消
G01 *		直线插补	G51.1		可编程镜像有效
G02	01	顺时针圆弧插补	G52	00	局部坐标系设定
G03		逆时针圆弧插补	G53		选择机床坐标系
G04		停刀,准确停止	G54		选择工件坐标系1
G05.1		AI 先行控制	G54.1		选择附件工件坐标系(P1 – P48)
G07.1		圆柱插补	G55		选择工件坐标系2
G08	00	先行控制	G56	14	选择工件坐标系3
G09		准确停止	G57		选择工件坐标系4
G10		可编程数据输入	G58		选择工件坐标系5
G11		可编程数据输入方式取消	G59		选择工件坐标系6
G15 *	17	极坐标指令取消	G60	00/01	单方向定位
G16		极坐标指令	G61		准确停止方式
G17 *		选择 XY 平面	G62	15	自动拐角倍率
G18 *	02	选择 ZX 平面	G63		攻螺纹方式
G19 *		选择 YZ 平面	G64		切削方式

续表

G 指令	组号	功　能	G 指令	组号	功　能
G20	06	英寸输入	G65	00	宏程序调用
G21 *		毫米输入	G66	12	宏程序模态调用
G22 *	04	存储行程检测功能有效	G67		宏程序调用取消
G23		存储行程检测功能无效	G68		坐标系旋转
G25 *	24	主轴速度波动监测无效	G69 *		坐标系旋转取消
G26		主轴速度波动监测有效	G73		排屑钻孔循环
G27		返回参考点检测	G74		左侧攻螺纹循环
G28		返回参考点	G76		精镗循环
G29	00	从参考点返回	G80 *		固定循环取消
G30		返回 2、3、4 参考点	G81		钻孔循环
G31		跳跃功能	G82	09	钻孔循环
G33	01	螺纹切削	G83		排屑钻孔循环
G37	00	自动刀具长度测量	G84		攻螺纹循环
G39		拐角偏置圆弧插补	G85		镗孔循环
G40 *	07	刀具半径补偿取消	G86		镗孔循环
G41		左侧刀具半径补偿	G87		背镗循环
G42		右侧刀具半径补偿	G88		镗孔循环
G40.1 *	19	法线方向控制取消方式	G89		镗孔循环
G41.1		法线方向控制左侧接通	G90 *	03	绝对值编程
G42.1		法线方向控制右侧接通	G91 *		增量值编程
G43	08	正向刀具长度补偿	G92	00	设定工件坐标系
G44		负向刀具长度补偿	G92.1		工件坐标系预置
G49		刀具长度补偿取消	G94 *	05	每分进给
G45	00	刀具偏置量增加	G95		每转进给
G46		刀具偏置量减少	G96	13	恒表面速度控制
G47		2 倍刀具偏置	G97 *		恒表面速度控制
G48		1/2 倍刀具偏置	G98 *	10	固定循环返回到初始点
G50 *	11	比例缩放有效	G99		固定循环返回到 R 点
G51		比例缩放取消	编程时,前面的 0 可省略,如 G01、G00 可写成 G0、G1		

注:1. 带 * 号的 G 指令表示通电时,即为该 G 指令的状态,G00、G01、G17、G18、G19、G90、G91 由参数设定选择;

　　2. 00 组 G 指令中,除了 G10 和 G11 以外其他的都为非模态指令;

　　3. 在同一个程序段中不同组的 G 指令可以有多个,但同组的 G 指令只能有一个;

　　4. 在固定循环中,如果指令了 G01 组的 G 指令,则固定循环将被自动取消。

附2　SIEMENS－802S 数控系统准备功能 G 指令

G 代码	含　义	说　明	编　程
G0	快速移动		G0 X __ Y __ Z __
G1 *	直线插补		G01 X __ Y __ Z __ F __
G2	顺时针圆弧插补	1. 运动指令（插补方式）模态有效	G2 X __ Y __ I __ J __（圆心和终点） G2 X __ Y __ CR = __（半径和终点） G2 AR = __ I __ J __（圆心和张角） G2 AR = __ X __ Y __（张角和终点）
G3	逆时针圆弧插补		G3 同 G2
G5	中间点圆弧插补		G5 X __ Y __ IX = __ JY = __
G33	恒螺距的螺纹切削		G33 Z __ K __ 在 Z 方向上带补偿夹具攻丝
G331	不带补偿夹具切削内螺纹（攻螺纹）		SPOS = ;主轴处于位置调节状态 G331 Z __ K __ S __ 在 Z 轴方向不带补偿夹具切削内螺纹，左旋螺纹或右旋螺纹通过螺距的符号确定（如 K +） + :同 M3 – :同 M4
G332	不带补偿夹具切削内螺纹（退刀）		
G4	暂停时间	2. 特殊运行，程序段方式有效	G04 F __ 或 G04 S __
G63	带补偿夹具切削内螺纹		G63 Z __ F __ S __ M __
G74	回参考点		G74 X __ Y __ Z __
G75	回固定点		G75 X __ Y __ Z __
G158	可编程的偏置	3. 写存储器，程序段方式有效	G158 X __ Y __
G258	可编程的旋转		G258 RPL = __
G259	附加可编程的旋转		G259 RPL = __
G25	主轴转速下限		G25 S __
G26	主轴转速上限		G26 S __
G17 *	选择 XY 平面	4. 平面选择，模态有效	
G18	选择 ZX 平面		
G19	选择 YZ 平面		

续表

G 代码	含　义	说　明	编　程
G40 *	刀具半径补偿取消	5. 刀尖半径补偿，模态有效	
G41	左侧刀具半径补偿		
G42	右侧刀具半径补偿		
G500 *	取消可设定零点偏置	6. 可设定零点偏置，模态有效	
G54	第一可设定零点偏置		
G55	第二可设定零点偏置		
G56	第三可设定零点偏置		
G57	第四可设定零点偏置		
G53	按程序段方式取消可设定零点偏置	7. 取消可设定零点，偏置方式有效	
G60 *	精确定位	8. 定位性能，模态有效	
G64	连续路径方式		
G9	准确定位，单程序段有效	9. 程序段方式，准停段方式有效	
G601	在 G60、G9 方式下精确定位	10. 准停窗口，模态有效	
G602	在 G60、G9 方式下粗确定位		
G70	英制尺寸	11. 英制/米制，模态有效	
G71 *	米制尺寸		
G90 *	绝对尺寸	12. 绝对尺寸/增量尺寸，模态有效	
G91	增量尺寸		
G94 *	进给率 F，单位 mm/min	13. 进给/主轴，模态有效	
G95	主轴进给率 F，单位 mm/r		
G450	圆弧过渡（圆角）	14. 刀尖半径补偿时拐角特性，模态有效	
G451	等距交点过渡（尖角）		

注：带 * 号的 G 代码，在程序启动时生效。

附3 华中（HMDI－21M）数控系统准备功能G指令

G指令	组号	功　能	G指令	组号	功　能
G00		定位	G57		选择工件坐标系4
G01 *	01	直线插补	G58	11	选择工件坐标系5
G02		顺时针圆弧插补	G59		选择工件坐标系6
G03		逆时针圆弧插补	G60	00	单方向定位
G04	00	暂停	G61 *	12	准确停止校验方式
G07	16	虚轴指定	G64		连续方式
G09	00	准确校停	G65	00	宏程序调用
G17 *		选择 XY 平面	G68	05	坐标系旋转
G18	02	选择 ZX 平面	G69 *		坐标系旋转取消
G19		选择 YZ 平面	G73		深孔断屑钻孔循环
G20		英寸输入	G74		攻左旋螺纹循环
G21 *	08	毫米输入	G76		精镗循环
G22		脉冲当量	G80 *		固定循环取消
G24	00	镜像开	G81		钻孔循环
G25 *		镜像关	G82		钻孔循环
G28	00	返回参考点	G83	06	深孔排屑钻孔循环
G29		从参考点返回	G84		攻右旋螺纹循环
G40 *		刀具半径补偿取消	G85		镗孔循环
G41	09	左侧刀具半径补偿	G86		镗孔循环
G42		右侧刀具半径补偿	G87		背镗循环
G43		正向刀具长度补偿	G88		镗孔循环
G44	10	负向刀具长度补偿	G89		镗孔循环
G49 *		刀具长度补偿取消	G90 *	13	绝对值编程
G50 *	04	比例缩放取消	G91		增量值编程
G51		比例缩放有效	G92	00	设定工件坐标系
G53	00	选择机床坐标系	G94 *	14	每分进给
G54		选择工件坐标系1	G95		每转进给
G55	11	选择工件坐标系2	G98 *	15	固定循环返回到初始点
G56		选择工件坐标系3	G99		固定循环返回到R点

注:1.带 * 号的G指令表示通电时,即为该G指令的状态;

2.在同一个程序段中不同组的G指令可以有多个,但同组的G指令只能有一个,但G24、G68、G51等特殊指令则不能与G01放在同一程序段中;

3.在固定循环中,如果指令了G01组的G指令,则固定循环将被自动取消。

附4　FANUC 0i – MB 数控系统辅助功能 M 指令

指令	功　能	指令	功　能
M00	程序停止	M30	程序结束并返回
M01	程序选择停止	M63	排屑启动
M02	程序结束	M64	排屑停止
M03	主轴正转	M80	刀库前进
M04	主轴反转	M81	刀库后退
M05	主轴停止	M82	刀具松开
M06	刀具自动交换	M83	刀具夹紧
M08	切削液开(有些厂家设置为 M07)	M85	刀库旋转
M09	切削液关	M98	调用子程序
M19	主轴定向	M99	调用子程序结束并返回
M29	刚性攻螺纹	编程时,前面的0可省略,如 M00、M02 可写成 M0、M2	

注:在程序段只能有一个 M 指令。

附5　SIEMENS – 802S 数控系统辅助功能 M 指令

指令	功　能	指令	功　能
M0	程序暂停	M07	外切削液开
M1	选择性停止	M08	内切削液开
M2	程序结束	M09	切削液关
M3	主轴正转	M30	程序结束并返回
M4	主轴反转	M17	调用子程序
M5	主轴停止	M41	主轴低速挡
M6	刀具自动交换	M42	主轴高速挡

注:在程序段只能有一个 M 指令。

附6　华中(HMDI－21M)数控系统辅助功能 M 指令

指令	分类	功　能	指令	分类	功　能
M00	非模态	程序暂停	M09	模态	切削液关
M02	非模态	程序结束	M21	非模态	刀库正转
M03	模态	主轴正转	M22	非模态	刀库反转
M04	模态	主轴反转	M30	非模态	程序结束并返回
M05	模态	主轴停止	M41	非模态	刀库向前
M06	非模态	刀具自动交换	M98	非模态	调用子程序
M08	模态	切削液开(有些厂家设置为 M07)	M99	非模态	调用子程序结束并返回

注:1. 在程序段只能有一个 M 指令;
　　2. 编程时,前面的 0 可省略,如 M00、M02 可写成 M0、M2。

附表 7　刀具配备表

序　号	刀具类型(mm)	刀具材料
1	φ6 立铣刀	高速钢
2	φ8 立铣刀	高速钢
3	φ10 立铣刀	高速钢
4	φ12 立铣刀	高速钢
5	φ14 立铣刀	高速钢
6	φ16 立铣刀	高速钢
7	φ20 立铣刀	高速钢
8	φ6 键槽铣刀	高速钢
9	φ8 键槽铣刀	高速钢
10	φ10 键槽铣刀	高速钢
11	φ12 键槽铣刀	高速钢
12	φ16 键槽铣刀	高速钢
13	φ10 球铣刀	高速钢
14	φ6 钻花	高速钢
15	φ8 钻花	高速钢
16	φ9.8 钻花	高速钢
17	φ10.8 钻花	高速钢
18	φ11.8 钻花	高速钢
19	φ19.8 钻花	高速钢
20	φ25 钻花	高速钢
21	φ32 钻花	高速钢
22	φ10 铰刀	高速钢
23	φ12 铰刀	高速钢
24	φ20 铰刀	高速钢
25	φ4 中心钻	高速钢
26	M12 丝攻	高速钢
27	φ50 端铣刀	硬质合金
28	φ80 端铣刀	硬质合金
29	φ120 端铣刀	硬质合金

附表 8　量具配备表

序　号	名　称	规　格
1	游标卡尺	150 mm
2	游标卡尺	200 mm
3	游标卡尺	300 mm
4	千分尺	0~25 mm
5	千分尺	25~50 mm
6	千分尺	50~75 mm
7	千分尺	75~100 mm
8	千分尺	100~125 mm
9	内径量表	18~36 mm
10	内径量表	35~50 mm
11	内径量表	50~160 mm
12	杠杆百分表	
13	百分表	
14	磁力表座	
15	直尺	300 mm
16	直尺	500 mm
17	标准块	10 mm
18	螺纹千分尺	0~25 mm
19	螺纹千分尺	25~50 mm
20	齿厚游标卡尺	1~12 mm
22	粗糙度对比样板	
23	橡皮锤	
24	等高垫铁	
25	V 形铁	
26	锤子	
27	平面锉刀	200 mm
28	平面锉刀	300 mm

附表 9　工具配备表

序　号	名　称	规　格
1	橡皮锤	
2	等高垫铁	
3	V 形铁	
4	锤子	
5	平面锉刀	200 mm
6	平面锉刀	300 mm
7	刀柄	BT40
8	卡簧	E32
9	卡簧	E40
10	卸刀架	

参考文献

[1] 刘兆甲,王树逵,张文明.数控铣工实际操作手册[M].沈阳:辽宁科学技术出版社,2007.

[2] 王荣兴.加工中心培训教程[M].北京:机械工业出版社,2006.

[3] 陈向荣.数控编程与操作[M].北京:国防工业出版社,2008.

[4] 刘雄伟.数控机床操作与编程培训教程[M].北京:机械工业出版社,2003.

[5] 裴炳文.数控加工工艺与编程[M].北京:机械工业出版社,2005.

[6] 李蓓华.数控机床操作工(中级)[M].北京:中国劳动保障出版社,2005.

[7] 华茂发.数控机床加工工艺[M].北京:机械工业出版社,2000.

[8] 韩鸿鸾,孙翰英.数控编程(高职数控)[M].北京:中国劳动保障出版社,2005.

[9] 赵刚.数控铣削编程与操作[M].北京:化学工业出版社,2007.

[10] 余英良.数控加工编程及操作[M].北京:高等教育出版社,2005.

[11] 杨仲冈.数控设备与编程[M].北京:高等教育出版社,2002.

[12] 田萍.数控机床加工工艺及设备[M].北京:电子工业出版社,2005.

[13] 孙竹.数控机床编程与操作[M].北京:机械工业出版社,2004.